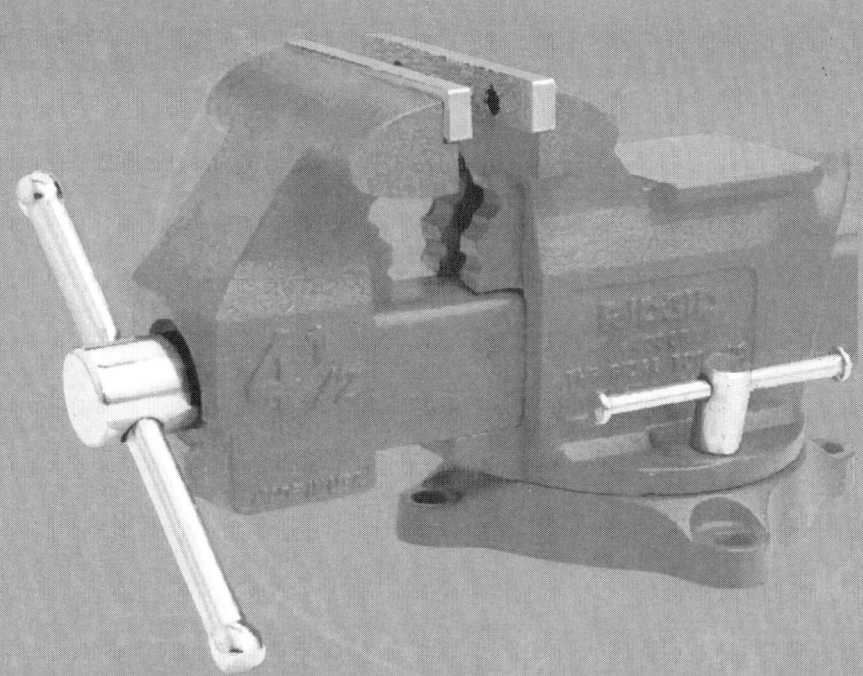

鉗工基本技能

楊志福 主 編
李東明 副主編

前言

為適應職業教育的發展形勢，迎合當前中等職業教育"以能力為本位，以就業為導向"培養目標的需求，提高學生的動手能力，以便更好地服務於社會，編者依據行業專家對崗位的工作任務和職業能力分析結果編寫了本教材。

本書根據職業鑑定規範的要求，以專案式教學法為主線，突出以任務為驅動、以能力為本位的教學理念，遵循實用、實效的原則，旨在使學生在技能訓練中掌握本專業（工種）知識且達到相應技能要求。全書共九個專案，詳細介紹了包括劃線（機械行業術語，不是"畫線"）、鋸削、鑿削、孔加工、螺紋加工、研磨等鉗工的基本技能，各種零件型面的加工原理及方法，在內容上儘量做到詳略適當，深淺結合，以實際的零件加工技能培訓為主線，輔以對理論知識深入淺出的說明，使讀者能夠靈活運用相關知識解決實際問題。

本書的教學時數建議為 160 學時，各項目的課時分配如下表所示：

項目	專案內容	課時分配(課時) 講授	課時分配(課時) 實踐訓練
一	認識鉗工	2	2
二	劃線	2	6
三	鋸削工件	4	20
四	鑿削工件	2	6
五	銼削工件表面	8	30
六	加工孔	6	24
七	加工螺紋	4	12
八	研磨工件	2	6
九	銼配	4	20

本書由楊志福主編並負責統稿，李東明任副主編，撰寫人員及分工情況：楊志福編寫項目一、項目二；肖世國編寫項目三和項目四；顏雁鷹編寫項目五；陳金偉編寫項目六；李東明編寫項目七、項目八和項目九。

　　本書是機械類專業的教學用書，也可作為其他工科類專業的教材，還可作為各級各類鉗工初、中級培訓班教材和鉗工從業人員的參考書。

　　在此書的編寫過程中，得到出版社的大力支持和幫助，在此表示衷心的感謝。限於作者水準，加之時間倉促，書中缺點和錯誤難免，懇請廣大讀者批評指正，以利於我們今後改進。

目錄

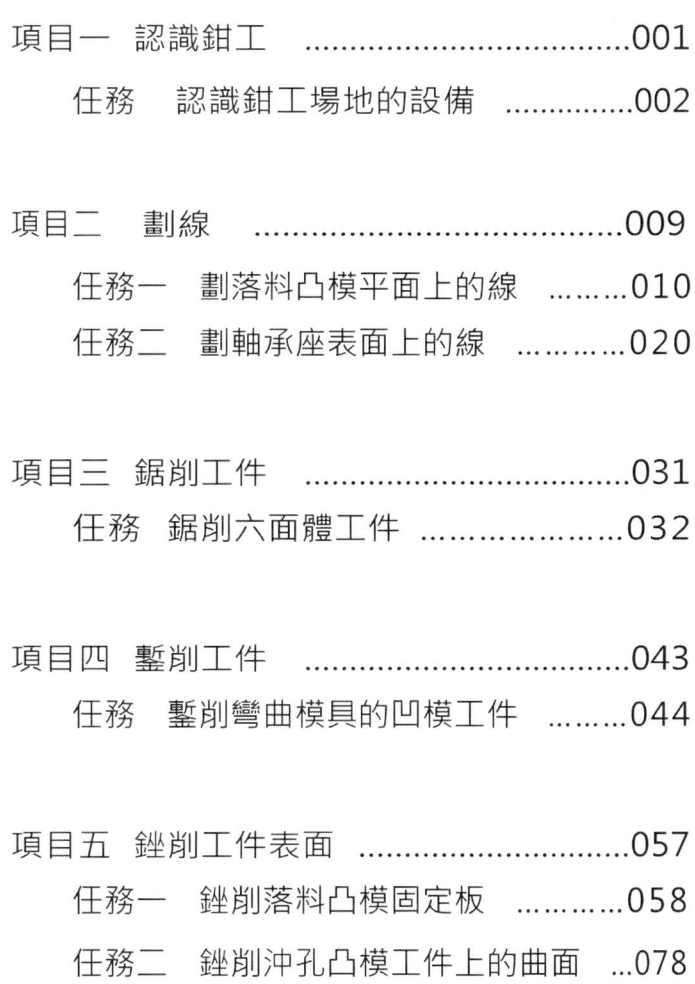

項目一　認識鉗工　..................001
　　任務　認識鉗工場地的設備　..............002

項目二　劃線　..................009
　　任務一　劃落料凸模平面上的線　........010
　　任務二　劃軸承座表面上的線　..........020

項目三　鋸削工件　..................031
　　任務　鋸削六面體工件　....................032

項目四　鏨削工件　..................043
　　任務　鏨削彎曲模具的凹模工件　........044

項目五　銼削工件表面　..........................057
　　任務一　銼削落料凸模固定板　..........058
　　任務二　銼削沖孔凸模工件上的曲面　...078

項目六　加工孔　..................087
　　任務一　鑽鉗口鐵工件的孔　.............088
　　任務二　鍃、擴、鉸鉗口鐵工件的孔...１０６

項目七　加工螺紋　..................119
　　任務一　攻六角螺母的內螺紋　...........120
　　任務二　套雙頭螺柱的外螺紋　...........136

項目八　研磨工件　..................145
　　任務　研磨刀口形直尺的平面　...........146

項目九　銼配..................165
　　任務　銼沖孔凸模、凹模的配合　.........166

項目一 認識鉗工

見過師傅配鑰匙嗎?見過師傅修理機械產品嗎?這種工作就是鉗工。鉗工是使用手工工具並經常在台虎鉗上進行手工操作的一個 工種。鉗工的工作範圍有:裝配鉗工、修理鉗工、模具鉗工、工具鉗工、劃線鉗工等。

鉗工基本操作技能有劃線、鏨削、銼削、刮削、鋸削、鑽孔、擴孔、鍃孔、鉸孔、攻螺紋和套螺紋、研磨及基本測量技能等,各項技能的學習 要求我們必須循序漸進,由易到難,由簡單到複雜,掌握每項操作。本 項目主要是學習台虎鉗的操作。

目標類型	目標要求
知識目標	(1)知道鉗工的定義 (2)知道鉗工基本技能的內容 (3)知道鉗工的適用範圍 (4)知道鉗工場地的基本設備的用法
技能目標	(1)能掌握鉗工的定義 (2)能掌握鉗工基本技能的內容 (3)能樹立學習鉗工技能的信心 (4)能正確操作鉗工場地的基本設備
情感目標	(1)能養成自主學習的習慣 (2)能與他人溝通交流 (3)能意識到規範操作和安全操作的重要性 (4)能參與團隊合作並完成工作任務

鉗工基本技能

任務 認識鉗工場地的設備

 任務目標

(1)能掌握鉗工的定義、基本技能的內容。
(2)能樹立學習鉗工技能的信心。
(3)能正確操作鉗工場地的設備。

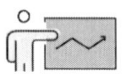 任務分析

本任務的主要內容是識別鉗工場地的設備，鉗工基本技能的內容，鉗工技能實訓準備，鉗工安全文明操作規程。

任務實施

一、操作臺虎鉗

(1)夾緊工件時，依靠手的力量，順時針轉動長手柄來移動活動鉗身夾緊工件，反之就是鬆動工件。如圖 1-1-1 所示。

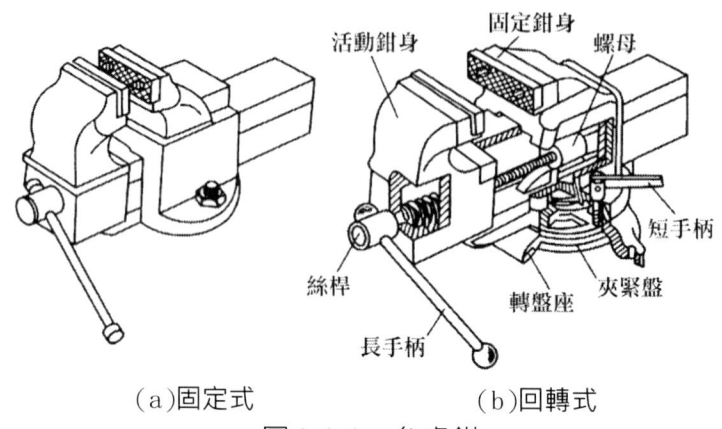

(a)固定式　　(b)回轉式
圖 1-1-1　台虎鉗

（2）學生反復練習台虎鉗裝夾工件，要求將工件裝夾在台虎鉗鉗口的中部，工件上表面距離鉗口面 10～15 mm。並對其進行保養，對活動鉗身部位、絲杆和螺母進 行塗油。

（3）利用台虎鉗的上部進行旋轉練習。如圖 1-1-1（b）所示，順時針轉動短手柄（鎖緊螺釘），上部即鬆動，此時轉動上部到合適位置並鎖緊。反復練習。

> **小提示**
> （1）工件儘量夾在鉗口中部，以使鉗口受力均勻。
> （2）夾緊後的工件應穩定可靠，以便於加工，且不產生變形。
> （3）夾緊工件時，一般只允許依靠手的力量來扳動手柄，不能用錘子敲擊手柄或隨意套上長管子來扳動手柄，以免損壞絲杆、螺母或鉗身。
> （4）不要在活動鉗身的光滑表面進行敲擊作業，以免降低配合性能。

二、整理工作臺桌面上的工具和量具

如圖 1-1-2 所示，工具、量具應分開擺放，整齊、美觀。不能混放，不能相互重疊放置。

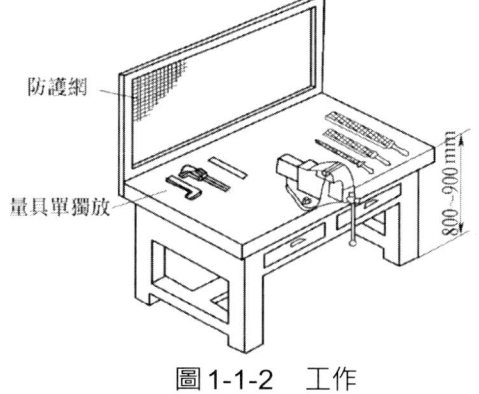

圖 1-1-2　工作

上面已介紹了台虎鉗的操作、工作臺的整理。下面來做一做，看誰做得又好又快。

每位同學用台虎鉗裝夾工件一次，旋轉一次台虎鉗並停在規定位置。是否達到要求，先自己評價，然後請其他同學評價，最後教師評價。

鉗工基本技能

 相關知識

一、認識實訓場地的設備

　　1.工作臺

　　工作臺簡稱鉗台，常用硬質木板或鋼材製成，要求堅實、平穩；檯面高度 800～900mm，檯面上裝有虎鉗和防護網，如圖 1-1-2 所示。

　　2.台虎鉗

　　台虎鉗是用來夾持工件的工具，其規格以鉗口的寬度來表示，常用的有100mm、125mm、150mm 等。

　　3.砂輪機

　　砂輪機，如圖 1-1-3 所示，是用來磨削各種刀具或工具的，如劃針、樣沖、鑽頭和鏨子等。砂輪機由電動機、砂輪、機座和防護罩等組成，為了減少塵埃污染，一般配有吸塵裝置。

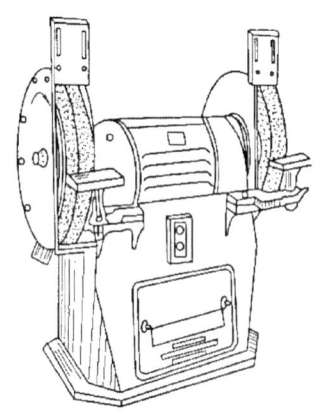

圖 1-1-3　砂輪機

二、鉗工基本技能

　　1.劃線

　　劃線是指在某些工件的毛坯或半成品上，按零件圖樣要求的尺寸劃出加工界線或找正線的一種方法，如圖 1-1-4 所示。

004

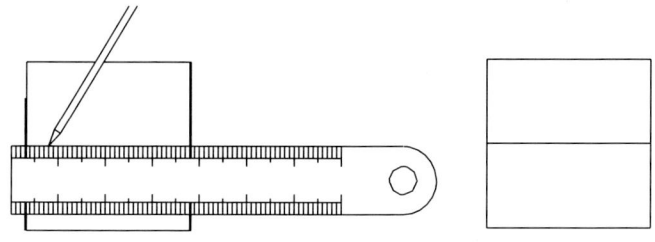

-1-4　劃線

2.鋸割

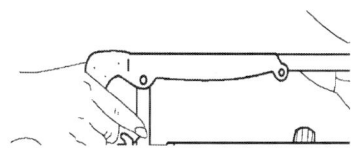

3.銼削

　　銼削是用銼刀對工件表面進行切削加工的方法。多用於鋸割、鏨削之後，銼加工出的工件表面粗糙度 Ra 值可達 0.8～1.6μm。銼削是最基本的鉗工操作，圖 1-1-6 所示。

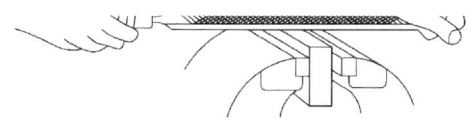

4.鑽孔

　　鑽孔是用鑽頭在實體材料上加工孔的方法。鑽孔屬於粗加工，其尺寸公差等一般為 IT10 或 IT11，表面粗糙度 Ra 值為 12.5～25μm，如圖 1-1-7 所示。

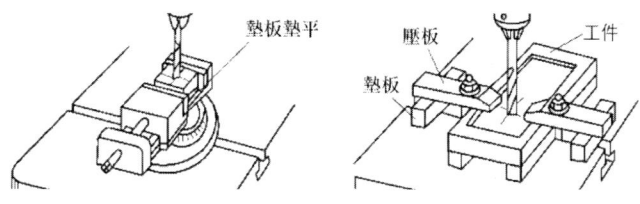

-1-7　鑽孔

5.擴孔

擴孔是用擴孔鑽擴大已有孔（鍛出、鑄出或鑽出的孔）的方法。擴孔屬於半精加工，其尺寸公差等級可達 IT9～IT10，表面粗糙度 Ra 值可達 3.2～6.3μm，如圖 1-1-8（a）所示。

6.鉸孔

鉸孔是用鉸刀對孔進行最後精加工的方法。鉸孔屬於精加工，其尺寸公差等級可達 IT7～IT9，表面粗糙度 Ra 值可達 0.8～1.6μm，如圖 1-1-8（b）所示。

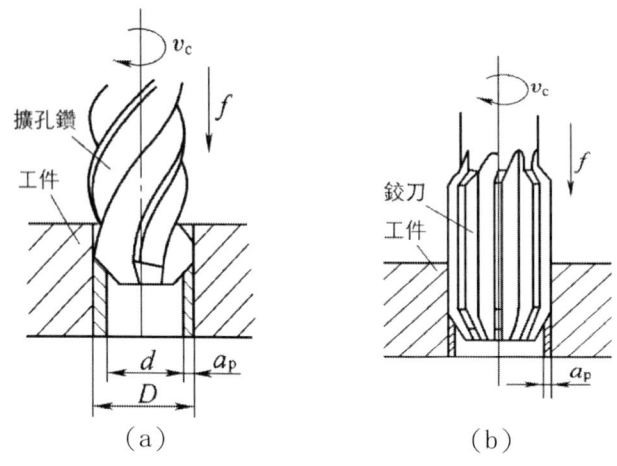

圖 1-1-8　擴孔與鉸孔

7.攻螺紋

攻螺紋是用絲錐在孔中切削出內螺紋的方法，如圖 1-1-9（a）所示。

8.套螺紋

套螺紋是用板牙在圓杆上切削出外螺紋的方法，如圖 1-1-9（b）所示。

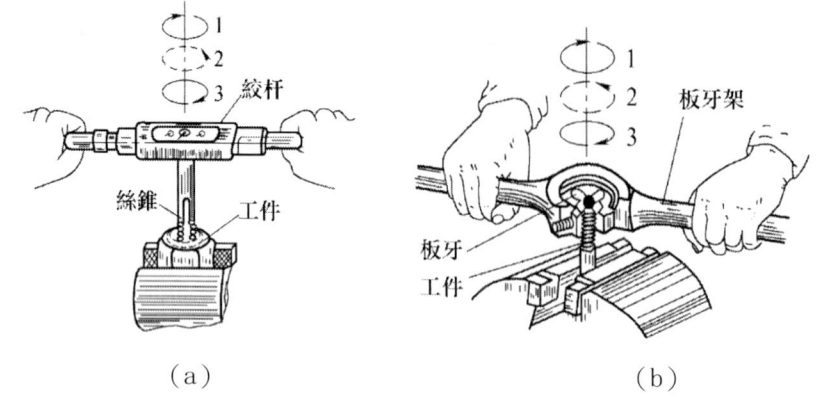

圖 1-1-9　攻螺紋與套螺紋

9.刮削

刮削是用刮刀從工件表面上刮去一層很薄的金屬的方法。刮削屬於精加工，加工後的工件表面的形位精度較高，表面粗糙度 Ra 值較低，如圖 1-1-10 所示。

圖 1-1-10　刮削

10.研磨

研磨是利用研磨工具和研磨劑從工件上研去一層極薄表面層的精加工方法。經研磨加工後的工件，尺寸公差等級可達 IT3，表面粗糙度 Ra 值可達 0.08～0.1μm，如圖 1-1-11 所示。

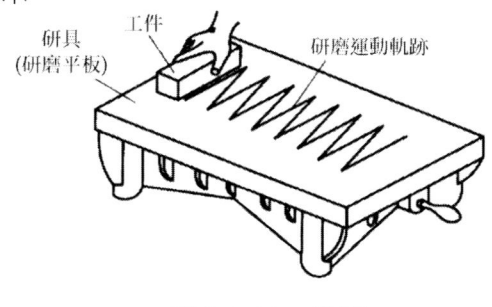

圖 1-1-11　研磨

任務評價

對認識鉗工場地的設備情況進行評價，見表 1-1-1。

表 1-1-1　認識鉗工場地的設備情況評價表

評價內容	評價標準	分值	學生自評	教師評估
準備工作	準備充分	5分		
工具的識別	正確識別工具	10分		
裝夾工件	正確操作	25分		
旋轉上部	正確操作	25分		
整理工作臺	正確操作	20分		

續表

評價內容	評價標準	分值	學生自評	教師評估
安全文明生產	沒有違反安全操作規程	5分		
情感評價	按要求做	10分		
學習體會				

一、填空題(每題10分,共50分)

　　1.台虎鉗是用來夾持工件的工具,其規格以＿＿＿來表示。
　　2.工作臺簡稱鉗台,檯面常用＿＿＿製成,要求堅實、平穩。
　　3.鉗工是使用＿＿＿並經常在台虎鉗上進行手工操作的一個工種。
　　4.砂輪機應安裝在場地的　　。
　　5.操作臺虎鉗的長手柄＿＿＿轉動時夾緊工件,＿＿＿轉動時鬆動工件。
　　（填"逆時針"或"順時針"）

二、判斷題（每題10分,共50分）

　　1.工作臺上的工具、量具應分開擺放整齊,不能混放,不能重疊。（　　）
　　2.工件儘量裝夾在鉗口中部,以使鉗口受力均勻。（　　）
　　3.不要在活動鉗身的光滑表面進行敲擊作業,以免降低配合性。（　　）
　　4.可用砂輪機來磨削工件,以便儘快完成加工任務。（　　）
　　5.夾緊工件時,若手的力量太小,可用錘子敲擊台虎鉗的手柄來增力。（　　）

項目二 劃線

見過模具組裝前的工作嗎?看過工人師傅加工金屬零件嗎?如下圖所示,一般加工零件前先進行劃線操作。零件表面的劃線可以分為平面劃線和立體劃線兩大類。劃線是根據圖樣的尺寸要求,用劃線工具在毛坯或半成品上劃出待加工部位的輪廓線(或稱加工界線)的一種操作方法。

為了提高生產效率,防止在加工工件時引起尺寸差錯,通過劃線來明確加工標誌,劃線尺寸的對錯和準確與否,直接影響零件的加工品質好壞。劃線的精度一般為 0.25~0.5mm。本項目主要是學習劃線的操作方法。

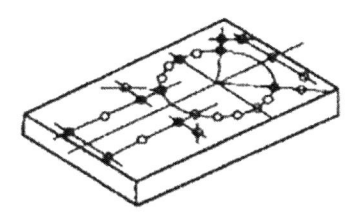 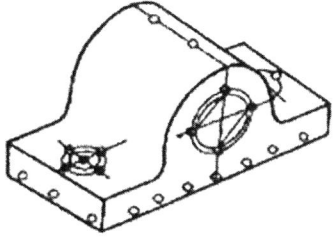

(a)平面劃線　　　　　(b)立體劃線

目標類型	目標要求
知識目標	(1)知道劃線的安全操作規程 (2)知道識別劃線工具 (3)知道正確地使用劃線工具
技能目標	(1)能按安全操作規程進行平面劃線 (2)能正確使用劃線工具 (3)能識別劃線工具的種類
情感目標	(1)能養成自主學習的習慣 (2)能與他人溝通交流 (3)能意識到規範操作和安全操作的重要性 (4)能參與團隊合作並完成工作任務

務一　劃落料凸模平面上的線

 任務目標

(1)能識別劃線工具。
(2)會使用劃線工具。
(3)能正確地進行平面劃線

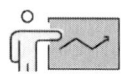 任務分析

本任務的主要內容是識別劃線工具，使用劃線工具，劃基本線條，劃平面圖形係。如圖 2-1-1 所示。劃線是一項複雜、細緻的重要工作，如果將線條劃錯，就造成加工工件的報廢，直接關係到產品的品質。完成此任務需要劃線工具（劃針、劃規、樣沖）和輔助工具（鋼直尺、錘子），零件的材料：長 70mm、寬 nm、厚度 8mm，要求在平板平面上進行基本線條的劃線操作、零件圖形的繪達到基本線條、圖形正確，線條清晰，一次成形，樣沖眼均勻。本任務介紹用此工具進行劃線的操作方法。

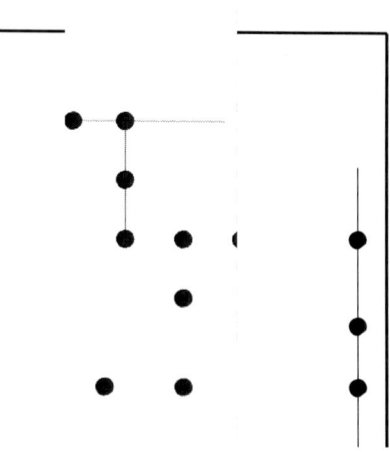

 任務實施

一、工具、量具的準備

平面劃線的工具、量具準備清單見表2-1-1。

表2-1-1 工具、量具清單

序號	名稱	規格	數量
1	劃線平板		1塊/人
2	劃針		1把/人
3	劃規		1把/人
4	樣沖		1只/人
5	劃線錘		1把/人
6	鋼直尺(150 mm)		1把/人
7	薄鋼板(8 mm)	70 mm×70 mm	1塊/人

二、劃基本線條

根據工作任務，在薄鋼板 70mm×70mm 上按要求進行劃線，具體操作過程如下：

1.劃一條直線

在鋼板中間位置劃一條直線，整理鋼板，將鋼板除鏽，邊角去毛刺；用鋼直尺和劃針劃一條直線。劃線時，劃針緊貼鋼直尺用力向右移動，一次劃成，不要重複，如圖 2-1-2 所示。

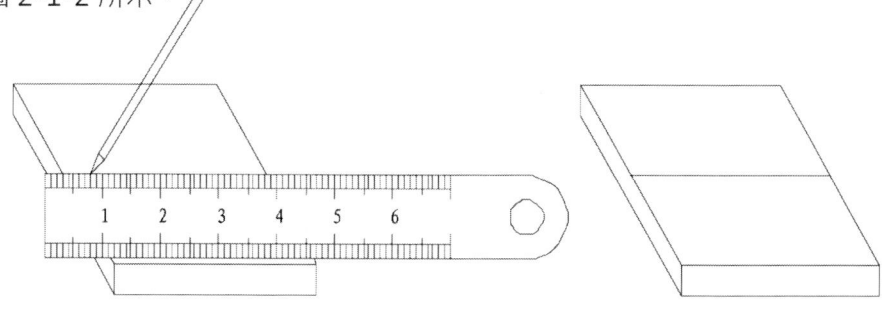

圖 2-1-2　劃直線

2.在直線中點處打樣沖眼

先將樣沖斜放在直線的中點處，然後將樣沖逐漸處於垂直位置，使沖尖落在樣沖眼的正確位置後，用錘子錘擊樣沖的錘擊端即打出樣沖眼，如圖 2-1-3、圖 2-1-4 所示。

鉗工基本技能

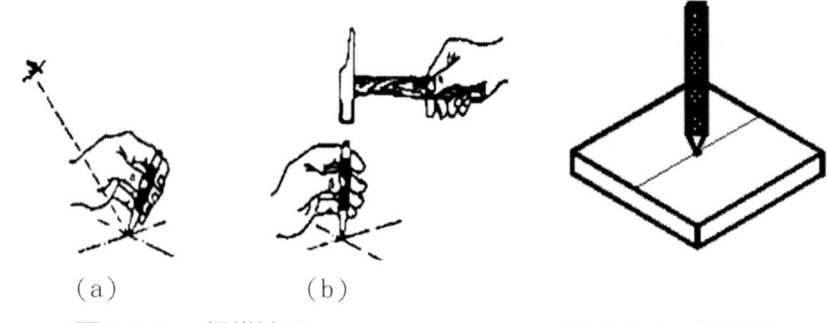

(a)　　　　(b)

圖2-1-3　打樣沖眼　　　　圖2-1-4　樣沖眼

3.劃圓

　　在鋼板上用劃規劃一個直徑為 60mm 的圓。劃規的一腳尖紮入樣沖眼中並用力壓緊（用力稍大），另一腳尖要緊貼（用力稍小）鋼板表面，順時針或逆時針轉動劃規一圈即劃出一個圓。如圖 2-1-5 所示。

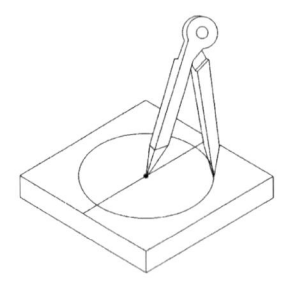
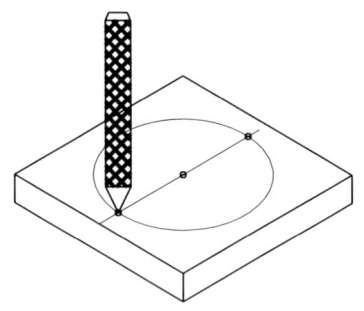

圖2-1-5　劃圓　　　　圖2-1-6　打樣沖眼

4.劃垂線

　　過圓心作一條已知直線的垂線。先用樣沖在圓與直線的交點處打上兩個樣沖眼，如圖 2-1-6 所示，以樣沖眼為圓心，用劃規取適當的半徑劃兩段圓弧相交，如圖 2-1-7 所示，用鋼直尺和劃針在兩交點處進行連線即得已知直線的垂線。如圖 2-1-8 所示。

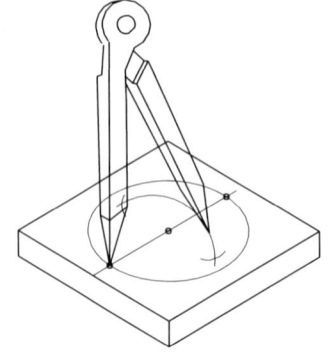
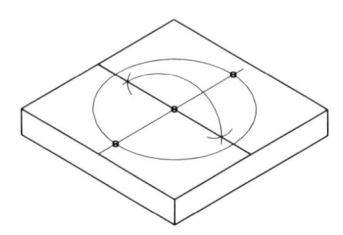

圖2-1-7　劃圓弧　　　　圖2-1-8　劃直線

5.劃平行線

劃兩條平行的直線。取劃規兩腳尖的距離為 25mm，分別以圓周上兩樣沖眼為圓心，在直線的上方和下方各劃兩段短圓弧，如圖 2-1-9 所示。用鋼直尺和劃針作兩圓弧的公切線（圖 2-1-10），即為已知直線的平行線。如圖 2-1-11 所示。

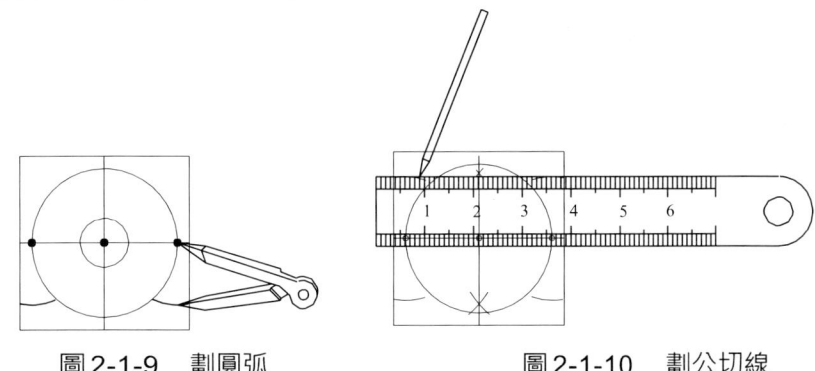

圖 2-1-9　劃圓弧　　　　　　　圖 2-1-10　劃公切線

6.圓周的六等分

在鋼板上劃直徑為 60mm 的圓，分六等分。在鋼板上劃一圓並按如圖 2-1-12 所示打上樣沖眼，方法同上。

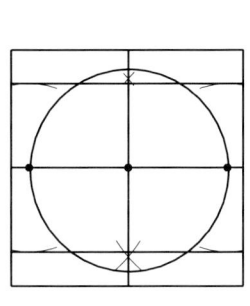 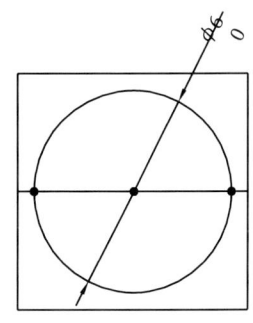

圖 2-1-11　平行線　　　　　　圖 2-1-12　劃圓弧

以圓周上兩樣沖眼為圓心，用劃規（兩腳尖的長度等於半徑）劃弧與圓周相交，如圖 2-1-13 所示。用樣沖在交點處打上樣沖眼即將圓周分為六等分。如圖 2-1-14 所示。

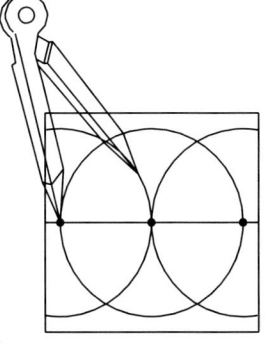 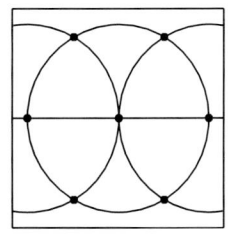

圖 2-1-13　劃弧　　　　　　　圖 2-1-14　圓周六等分

（1）劃線線條要一次完成，不要重複劃，要求劃出的線條清晰、準確。同時劃針的針尖要保持尖銳，不用時，應按規定放入盒內保存，以免紮傷人或造成針尖損壞。

（2）劃規要兩腳等長，腳尖能合攏，鬆緊適當且腳尖鋒利。

（3）打樣沖眼的位置要正確，樣沖眼要求大小一樣，深淺一致，均勻分布，交點正中，齊線打中。

根據如圖 2-1-15 所示零件圖樣的要求，在 70mm×70mm 的薄鋼板平面上完成劃線任務。

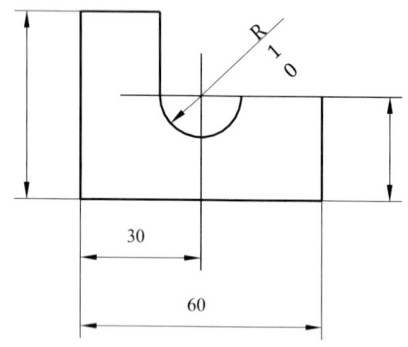
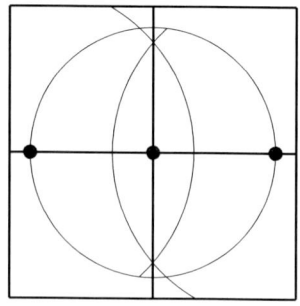

圖 2-1-15　平面圖形

1. 劃中心線

在薄鋼板上劃中心線。如圖2-1-16所示。

2. 劃圓

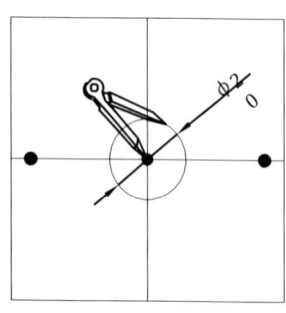
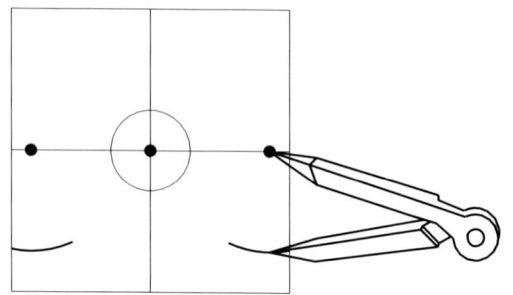

劃出位於水準中心線下方、距離中心線 25mm 的底邊輪廓線（用劃規劃兩圓弧，如圖 2-1-18 所示；用鋼直尺和劃針劃兩圓弧的公切線，如圖 2-1-19 所示劃位於垂直中心線左側和右側、距離中心線 30mm 的豎直輪廓線，如圖 2-1-20 示。

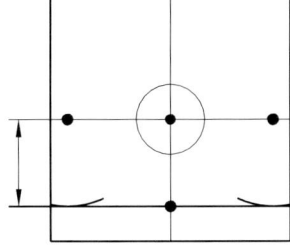 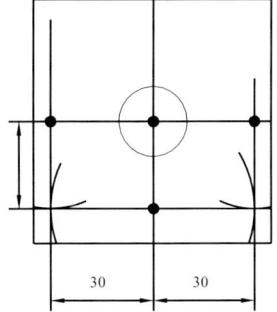

劃出位於水準中心線上方、距離中心線 20mm 的輪廓線和與圓弧連接的線如圖 2-1-21 所示。

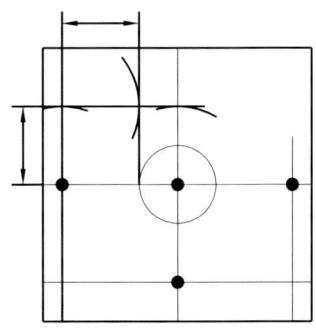

5.檢查劃線結果
檢查、對照，確認無錯後，按要求打上樣沖眼，將工件上交。

（1）毛坯選尺寸為 70mm×70mm×8mm 的兩面磨平和四邊垂直的板料或薄鋼板均可。有條件的實訓場所還可以進行表面塗色處理，以提高清晰度。
（2）定位線劃痕不可過深，以免和輪廓線混淆，造成喧賓奪主。
（3）直線與圓弧連接處要自然、光滑。
（4）在交點處打上樣沖眼，樣沖眼位置要準確。

鉗工基本技能

上面已介紹了劃線工具的使用，劃線時如何保證品質，下面來做一做，看誰做得又好又快。

每位同學用一塊 70mm×70mm×8mm 的鋼板，按圖 2-1-22 劃出圖形，並打上樣沖眼。先自己評價，然後請其他同學評價，最後教師評價。

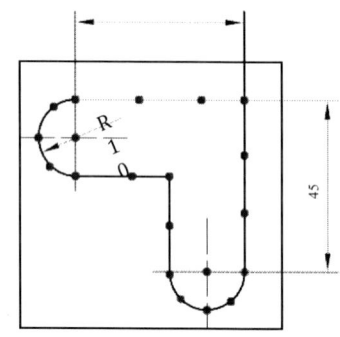

圖 2-1-22　平面鋼板畫圖

 相關知識

一、主要工具

1.劃針

劃針是在工件表面劃線用的工具。常用的劃針用工具鋼或彈簧鋼製成（有的劃針在其尖端部位焊有硬質合金），直徑範圍是 3～6mm。使用劃針時，劃針要向外傾斜 15°～20°，同時向劃線方向傾斜 45°～75°，以減小劃線誤差。用劃針時，劃針要緊貼於導向工具（鋼直尺、樣板的曲邊）上，並向鋼直尺外邊傾斜，在進行劃線過程中，劃針朝移動方向傾斜。如圖 2-1-23 所示。

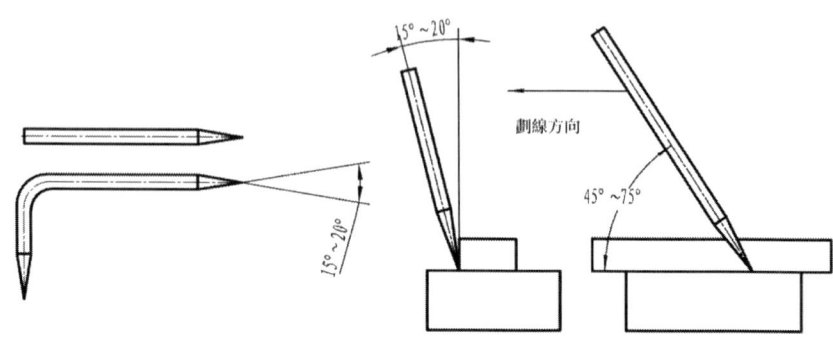

圖 2-1-23　劃針

為什麼要用劃針而不用折斷的鋸條進行劃線？

2.劃規

劃規（圖 2-1-24）是劃圓或弧線、等分線段及量取尺寸等用的工具，其用法與製圖的圓規相似。劃線時，最好將工件上的圓心用樣衝衝眼，使劃線穩定，以減小誤差。使用劃規劃圓時，掌心用較大的力，壓在作為旋轉中心的一腳尖上，使劃規的腳尖紮入金屬表面或樣衝眼內，另一腳以較輕的力壓在工件上，由順時針或逆時針方向轉動劃出圓或圓弧，劃規的腳尖應保持尖銳，以保證劃出的線條清晰。

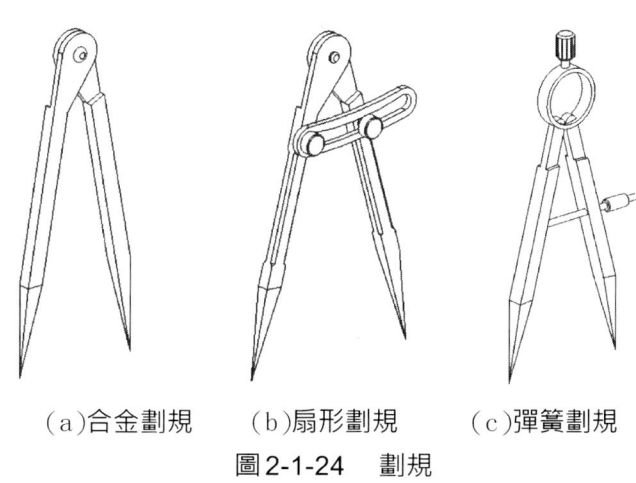

(a)合金劃規　(b)扇形劃規　(c)彈簧劃規

圖 2-1-24　劃規

3.樣衝

樣衝是用於工件劃線點上打樣衝眼，以備所劃線條模糊時仍能找到原劃線的位置的工具。樣衝是由碳素工具鋼製成（可用舊的絲錐、銑刀和鉸刀等改制而成），其尖部和錘擊端經過硬化處理。在劃圓和鑽孔前應在其中心打出樣衝眼，以便定心，如圖 2-1-25 所示。使用樣衝衝眼時，先將樣衝斜放在需要衝眼的部位，然後將樣衝逐漸處於垂直位置，使衝尖落在樣衝眼的正確位置後，用錘子錘擊樣衝衝出樣衝眼。

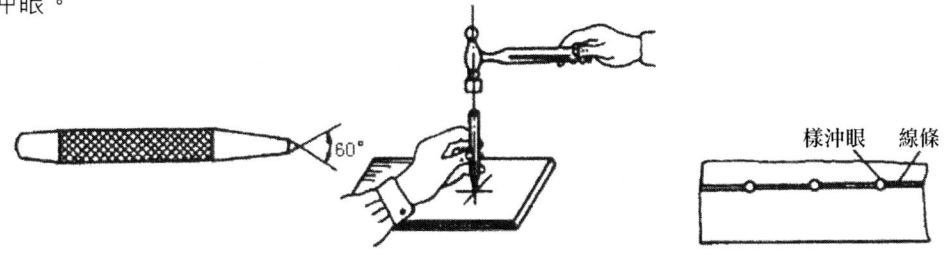

圖 2-1-25　樣衝

二、鉗工安全文明操作規程

（1）工作臺與周圍必須保持清潔，不得堆放與生產無關的物體。

（2）工作前，要檢查工具是否完好。

（3）工作前，必須穿戴好防護用品，衣邊袖口不許飄擺。

（4）常用工具、量具的管理要求責任到人，所有工具、量具規範使用，不得挪作他用。

三、輔助工具

1.錘子和劃線錘

錘子（圖 2-1-26）主要用於錘擊或借助工具錘擊加工。而劃線錘（圖 2-1-27）是用於在工件所劃線上打樣沖眼、打鑽孔中心眼的。

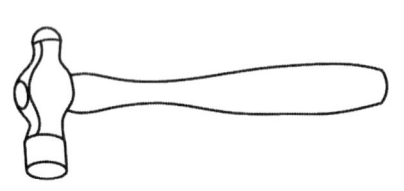

圖2-1-26　錘子　　　圖2-1-27　劃線錘

2.鋼直尺

鋼直尺（圖 2-1-28）是一種簡單的測量工具和劃直線的導向工具，在尺面上刻線，最小刻線間距為 0.5mm，其規格有 150mm、300mm、500mm、1000mm，在機械加工中以公釐（mm）為單位，機械圖樣上沒有標注單位，就說明是以公釐為單位。

圖2-1-28　鋼直尺

任務評價

對工具的使用和平面劃線情況，根據表 2-1-2 中的要求進行評價。

表2-1-2　工具使用和平面劃線情況評價表

評價內容	評價標準	分值	學生自評	教師評估
準備工作	準備充分	5分		
工具的識別	正確識別工具	10分		
劃針的使用	正確使用	10分		

續表

評價內容	評價標準	分值	學生自評	教師評估
劃規的使用	正確使用	10分		
樣沖的使用	正確使用	10分		
劃線均勻	達到要求	15分		
圓弧連接光滑	達到要求	10分		
樣沖眼的位置準確 大小一致	達到要求	10分		
安全文明生產	沒有違反安全操作規程	5分		
情感評價	按要求做	15分		
學習體會				

一、填空題(每題10分,共50分)

　　1.劃線分為＿＿＿＿＿和立體劃線兩大類。

　　2.劃線的精度一般為＿＿＿＿＿mm。

　　3.常用的劃針用＿＿＿＿＿或彈簧鋼製成。

　　4.使用劃針時，劃針要向外傾斜＿＿＿～20°,同時向劃線方向傾斜＿＿＿～75°,以減小劃線誤差。

　　5.工作前，必須穿戴好＿＿＿＿＿,衣邊袖口不許飄擺。

二、判斷題(每題10分,共50分)

　　1.劃線時，為了線條更清晰可見，要多次重複劃線。　　　　　　　　(　　)

　　2.鋼直尺尺面上最小刻線間距為0.5mm。　　　　　　　　　　　　　(　　)

　　3.劃規的兩腳要求等長，腳尖能合攏。　　　　　　　　　　　　　　(　　)

　　4.樣沖眼要求是大小一樣，深淺一致，均勻分佈，交點正中，齊線打中。(　　)

　　5.用劃規劃圓弧時，施加於兩腳尖的力要一樣大。　　　　　　　　　(　　)

任務二 劃軸承座表面上的線

 任務目標

(1)能識別劃線工具。
(2)會使用劃線工具。
(3)能正確地進行幾何體表面劃線操作。

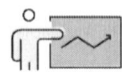 任務分析

本任務的主要內容是識別劃線工具,會使用劃線工具劃幾何形體各表面上的線。完成本任務需要劃線工具(劃針盤、劃規、樣沖、寬座角尺、千斤頂等)和輔助工具(鋼直尺、錘子等)。劃幾何形體各表面上的線又稱為零件的立體劃線,立體劃線是指在工件的組成表面(通常是相互垂直的表面)上劃線,如圖 2-2-1 所示,即在長、寬、高三個方向上劃線。

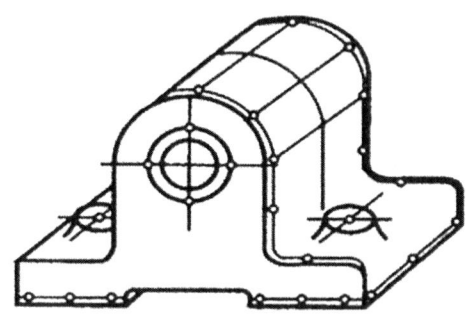

圖 2-2-1　劃軸承座表面上的線

任務實施

一、工具、量具的準備

立體劃線的工具、量具準備清單見表2-2-1。

表2-2-1　工具、量具清單

序號	名稱	規格	數量
1	劃線平板		1塊/人
2	劃針盤		
3	劃規		1把/人
4	樣沖		1只/人
5	錘子		1把/人
6	千斤頂		3個/人
7	"V"形鐵		1塊/人
8	圓鋼棒料	$\phi50\times60$ mm	1根/人
9	寬座角尺		1把/人

二、劃軸承座表面上的線

軸承座劃線屬於毛坯劃線，其立體劃線操作方法及具體步驟如圖2-2-2所示。

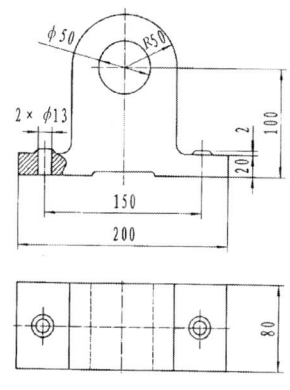　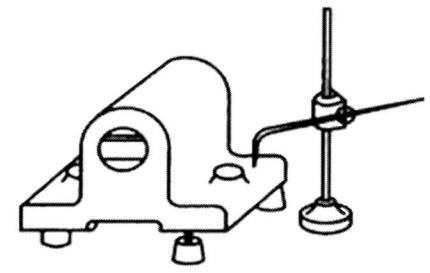

（a）軸承座零件圖　　（b）根據孔中心及上平面，調節千斤頂，使工件水準

鉗工基本技能

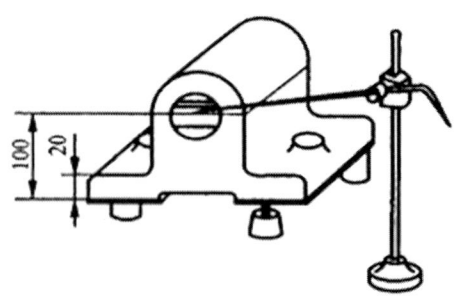

（c）劃底面加工線和大孔的水準中心線

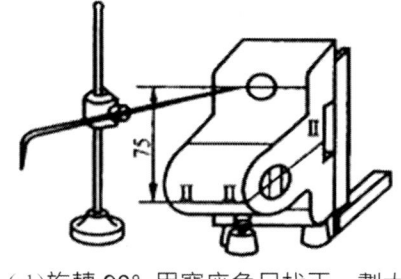

（d）旋轉90°，用寬座角尺找正，劃大孔的垂直中心線及螺孔中心線

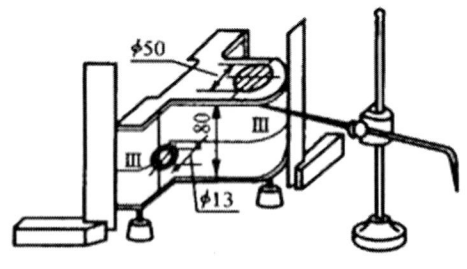

（e）再翻轉90°，用寬座角尺兩個方向找正，劃螺釘孔、另一方向的中心線及大端面加工線

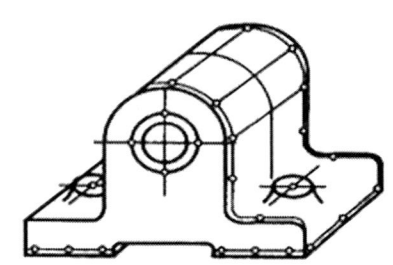

（f）打樣沖眼

圖2-2-2　立體劃線步驟

　　上面已介紹了劃線工具的使用，劃線時如何保證品質，下面來做一做，看誰做得又好又快。

　　如圖 2-2-3 所示，工件為直徑 40mm、長度 60mm、外圓車圓且光滑的棒料，按圖樣劃出圖形：將圓柱體表面均分為四份。先自己評價，然後請其他同學評價，最後教師評價。

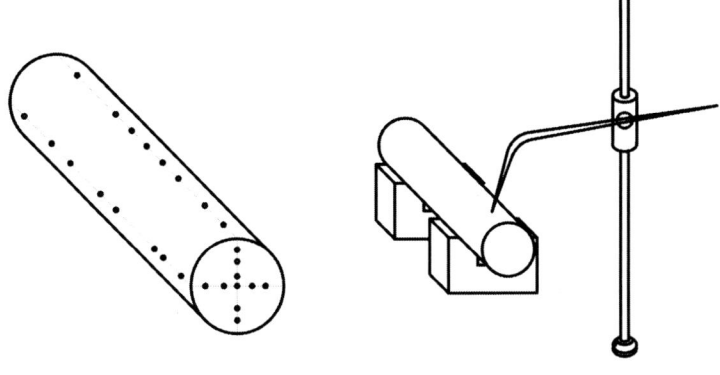

2-2-3　　　　　　　　　　　2-2-4

🔍 小

（1）將一直徑相同的圓柱放置在"V形鐵上找正，對針應在長度方向慢慢移動並左右擺動，以保證圓柱體一樣高。如圖 2-2-4 所示。

（2）劃圓柱的中心線。將劃針高度調至圓柱的中心處，對準工件，劃針慢慢向後移動，對表面進行劃線。劃線時，工件不要移動，劃針不能鬆動。如圖 2-2-5 所示。圓柱的中心高 h=m-d/2，如圖 2-2-6 所示。

（3）將工件旋轉 90°，用寬座角尺找正，此時劃針再次對工件表面進行劃線，如圖 2-2-7 所示，並在規定的位置處打下樣沖眼，即完成工作。

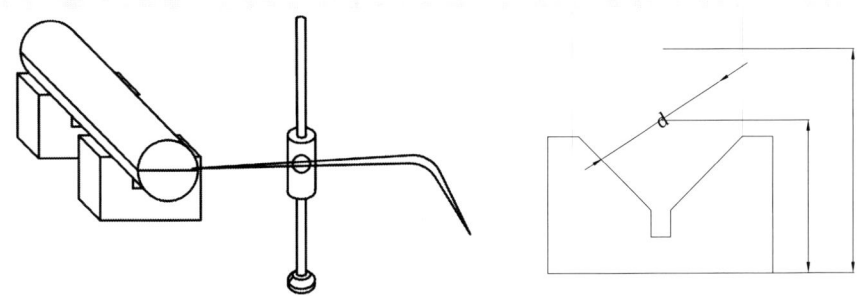

2-2-6

鉗工基本技能

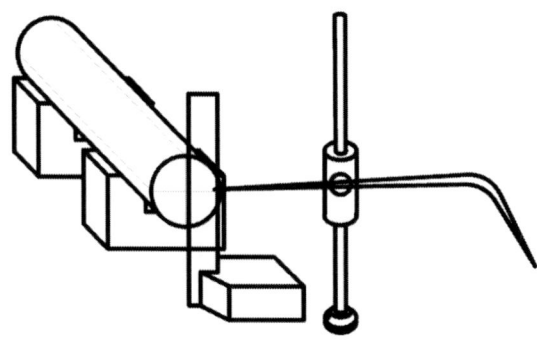

圖2-2-7　找正劃線

 相關知識

一、主要工具

1.劃針盤

劃針盤主要用於立體劃線和校正工件。它由底座、立杆、劃針和鎖緊裝置組成。如圖 2-2-8 所示。

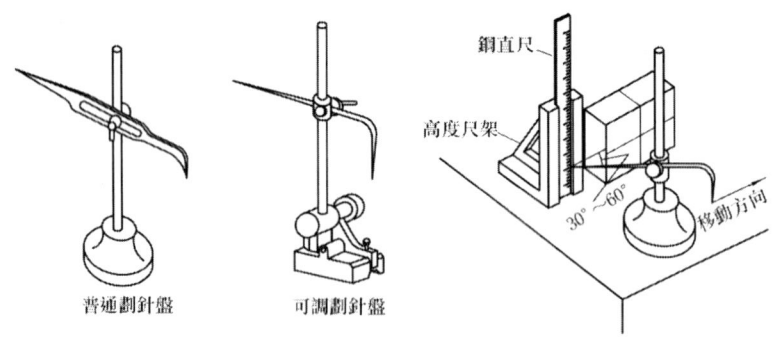

圖2-2-8　劃針盤

2.劃線平板

劃線平板是基準工具，由鑄鐵製成，光滑、平整的表面是劃線的基準平面，要求非常平整和光潔。如圖 2-2-9 所示。

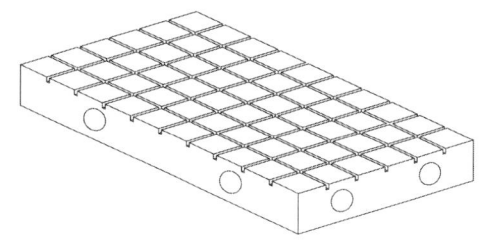

圖 2-2-9　劃線平板

3.千斤頂

用於在平板上支承體積較大及形狀不規則的工件，其高度可以調整。通常用 3 個千斤頂支承工件，如圖 2-2-10 所示。

千斤頂

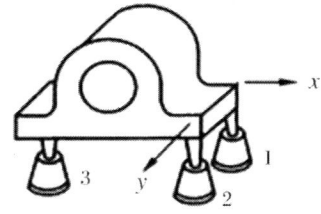

圖 2-2-10　千斤頂

4. "V" 形鐵

"V" 形鐵也稱 "V" 形架，用於支承圓柱形工件，使工件軸線與底板平行，如圖 2-2-11 所示。

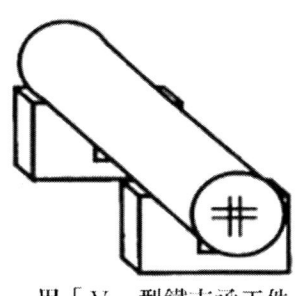
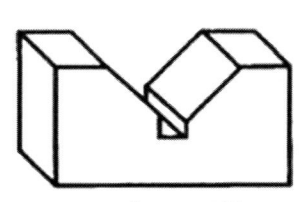

用「V」型鐵支承工件　　　　「V」型鐵

圖 2-2-11　"V"形鐵

5.直角尺

直角尺常用的是寬座角尺,在平面劃線中用來按某一基準劃出它的垂直線;在立體劃線中用來校正工件的某一基準面、線或線與平板表面的垂直度。如圖 2-2-12 所示。

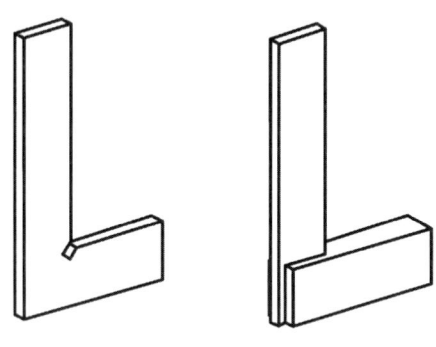

圖 2-2-12　直角尺

二、遊標卡尺

遊標卡尺是工業上常用的測量長度的量具,是一種中等精度的量具。遊標卡尺的特點:結構簡單,使用方便,測量範圍大,測量精度較高,在生產中應用廣泛。游標卡尺根據用途分為:普通遊標卡尺、深度遊標卡尺、高度遊標卡尺、齒厚遊標卡尺,還有讀數更為方便的帶表遊標卡尺、數字顯示遊標卡尺。

1.遊標卡尺

它由尺身及能在尺身上滑動的游標組成,其外形如圖 2-2-13 所示。若從背面看,游標是一個整體。游標與尺身之間有一彈簧片(圖中未能劃出),利用彈簧片的彈力使游標與尺身靠緊。游標上部有一緊固螺釘,可將游標固定在尺身的任意位置。

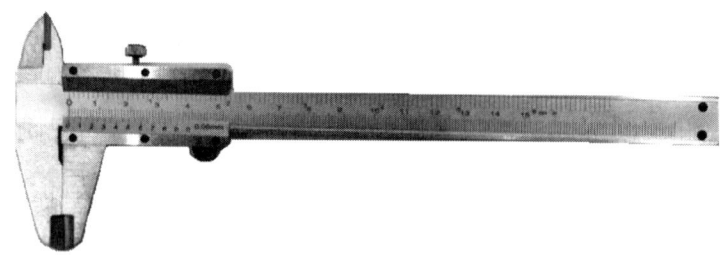

圖 2-2-13　遊標卡尺

尺身和游標都有測量爪,利用內測量爪可以測量槽的寬度和管的內徑,利用外測量爪可以測量零件的厚度和管的外徑。深度尺與游尺規連在一起,可以測量槽和筒的深度。如圖 2-2-14 所示。

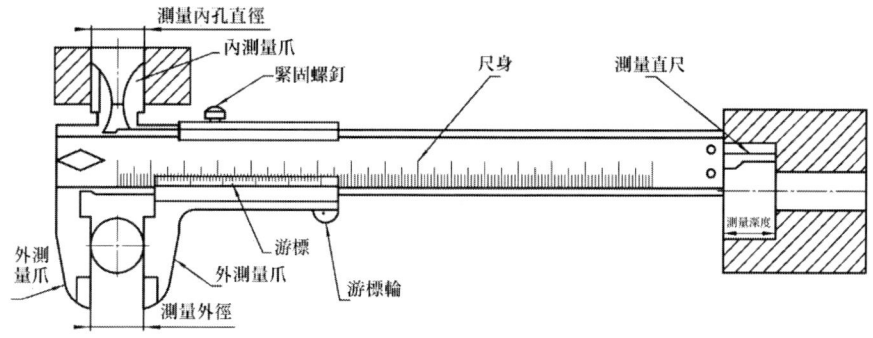

圖2-2-14　遊標卡尺的用途

遊標卡尺的尺身和游標上面都有刻度。測量時，右手拿住卡尺，大拇指移動游標，左手拿住待測外徑（或內徑）的物體，使待測物位於測量爪之間，當待測物體與測量爪緊緊相貼時，即可讀數，如圖2-2-15所示。

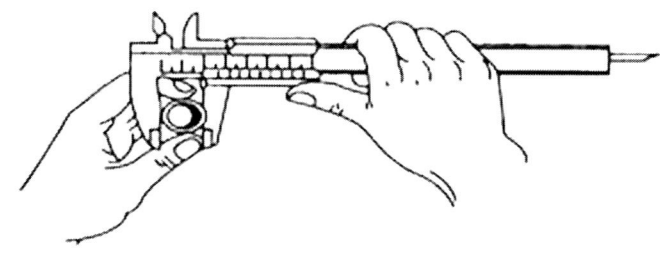

圖2-2-15　測量方法

遊標卡尺。讀數時，首先以游標零刻度線為準在尺身上讀取公釐整數，即以公釐為單位元的整數部分，如圖 2-2-16 所示；然後看游標上第幾條刻度線與尺身的刻度線對齊，如圖中第 19 條刻度線與尺身的刻度線對齊，則小數部分即為 19×1／50＝0.38mm（讀數精度為 0.02mm）。如有零誤差，則一律用上述結果減去零誤差（零誤差為負，相當於加上相同大小的零誤差），即讀數結果＝整數部分＋小數部分－零誤差。如果需測量幾次取平均值，則不需每次都減去零誤差，只要從最後結果中減去零誤差即可。

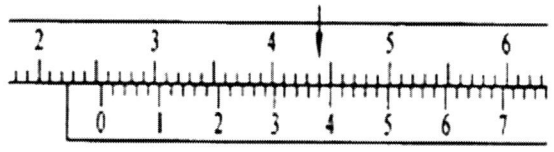

圖中讀數為：25+19×1/50=25.38（mm）

圖2-2-16　讀數方法

2.高度遊標卡尺

高度遊標卡尺除用來測量工件的高度外,還可用於半成品劃線,其讀數精度一般為 0.02mm,讀數方法與遊標卡尺相同。如圖 2-2-17 所示。它只能用於半成品劃線,不允許用於毛坯劃線。

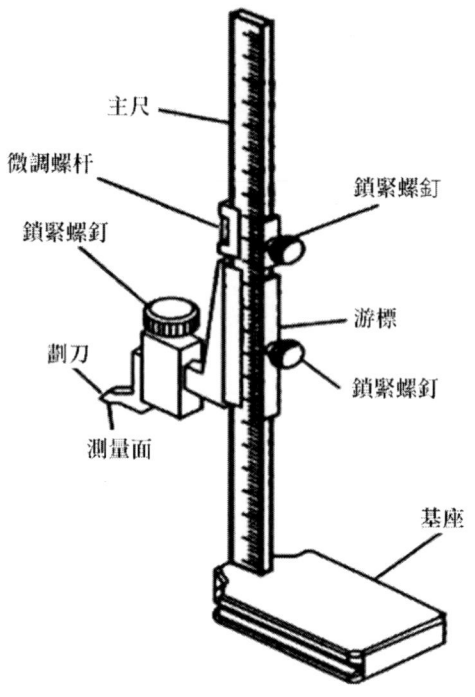

圖2-2-17　高度遊標卡尺

三、劃線基準的選擇

用劃針盤劃各種水平線時,應選定某一基準作為依據,並以此來調節每次劃針的高度,這個基準稱為劃線基準。一般劃線基準與設計基準一致,常選用重要的中心線或零件上尺寸標注基準線

為劃線基準。若工件上個別平面已加工好,則以該加工面為劃線基準。常見的劃線基準有以下三種類型:

(1)以兩個相互垂直的平面(或線)為基準。
(2)以一個平面與對稱平面(或線)為基準。
(3)以兩個互相垂直的中心平面(或線)為基準。劃線基準應儘量與設計基準一致,毛坯的基準一般選其軸線或安裝平面作基準。

任務評價

對工具的使用和立體表面劃線情況，根據表2-2-2中的要求進行評價。

表2-2-2　工具使用和立體表面劃線情況評價表

評價內容	評價標準	分值	學生自評	教師評估
準備工作	準備充分	5分		
工具的識別	正確識別工具	10分		
劃針盤的使用	正確使用	10分		
角尺的使用	正確使用	10分		
樣沖的使用	正確使用	10分		
"V"形鐵的使用	正確使用	10分		
劃線均勻	達到要求	15分		
樣沖眼的位置準確，大小一致	達到要求	10分		
安全文明生產	沒有違反安全操作規程	5分		
情感評價	按要求做	15分		
學習體會				

一、填空題(每空10分，共50分)

1.找正工件，高度一致用_____工具來調整。

2."V"形鐵，用於_____工件，使工件軸線與底板平行。

3.常用遊標卡尺利用內測量爪測量槽的寬度和管的_____，利用外測量爪測量零件的厚度和管的_____。深度尺與游尺規連在一起，可以測量槽和筒的_____。

二、判斷題(每空10分，共50分)

1.在進行立體劃線時，支承圓柱體用一個"V"形鐵就能調正工件。　　(　　)

2.高度遊標卡尺只能用於半成品的劃線，不允許用於毛坯劃線。　　(　　)

3.遊標卡尺是中等精度量具，一般能準確地讀出0.002mm尺寸。　　(　　)

4.劃線平板不用時應塗油保護。　　(　　)

5.劃針盤主要用於立體劃線和校正工件的位置。　　(　　)

項目三　鋸削工件

在生活中見過用鋸子鋸木頭的場景嗎？鉗工加工中，用手鋸鋸鋼鐵材料。根據圖樣的尺寸要求，用手鋸鋸斷金屬材料（或工件）或在工件上進行切槽的操作方法稱為鋸削。

鋸削是鉗工的三大基本技能之一，在機械零件加工中，可以用鋸削來進行下料，或鋸削掉多餘的金屬，得到我們需要的零件毛坯，如下圖所示。本項目主要學習鋸削的操作。

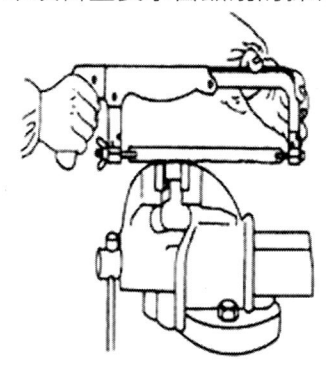

鋸削零部件

目標類型	目標要求
知識目標	(1)知道鋸削工具的用途 (2)知道鋸條的切削角度 (3)知道鋸條鋸齒粗細的選用 (4)掌握鋸削操作要領
技能目標	(1)能描述鋸削操作要領 (2)能根據不同工件材料選擇鋸條，並能正確安裝鋸條 (3)能按圖紙要求完成鋸削六面體的工作任務
情感目標	(1)養成工具、量具擺放整齊，用完及時歸還的良好習慣 (2)養成完成工作任務後及時打掃場地衛生的習慣 (3)嚴格遵守鋸削操作安全規程，預防安全事故發生

任務 鋸削六面體工件

任務目標

(1)能根據不同工件材料選擇鋸條,並能正確安裝鋸條。
(2)能正確地操作鋸弓進行鋸削工作。
(3)能做到安全、文明操作。

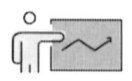

任務分析

本任務主要要求同學們掌握鋸削工具的種類、用途,能正確裝夾工件;掌握鋸削的方法、鋸條安裝要求和手鋸的握法以及正確的鋸削姿勢;能正確鋸斷工件,鋸槽,並達到工件的形狀和尺寸要求。如圖 3-1-1 所示,用圓鋼 φ55×80mm 毛坯料加工出下列尺寸要求的工件。

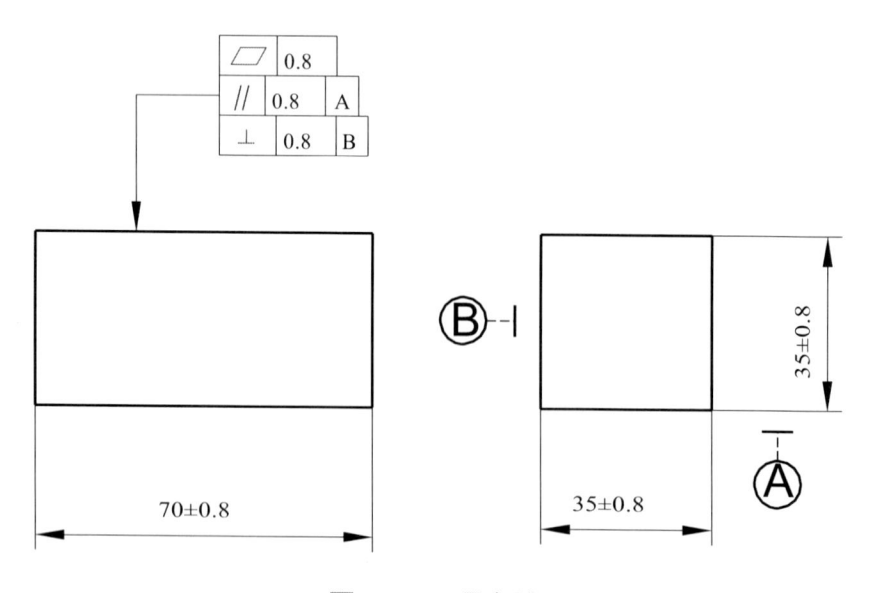

圖 3-1-1　長方體

任務實施

一、工具、量具的準備

鋸削六面體任務的工具、量具準備清單見表3-1-1。

表3-1-1 工具 量具清單

序號	名稱	規格	數量
1	劃線平板		1塊/人
2	劃針		1把/人
3	樣沖		1只/人
4	錘子	0.5 kg	1把/人
5	鋸弓		1把/人
6	鋸條	300 mm	3根/人
7	鋼直尺	200 mm	1把/人
8	直角尺		1把/人
9	毛坯材料	圓鋼 φ55×80 mm	1件/人

二、任務實施步驟

（1）按圖3-1-1所示尺寸，準備材料：圓鋼 φ55×80mm。

（2）安裝鋸條：裝夾鋸條時，注意鋸條鬆緊適中，不宜太緊或太松。

（3）按長度劃線，注意劃線時，可以用較厚的長方形紙片包圍在外圓表面進行劃線71mm，如圖3-1-2所示，留餘量大約1mm。

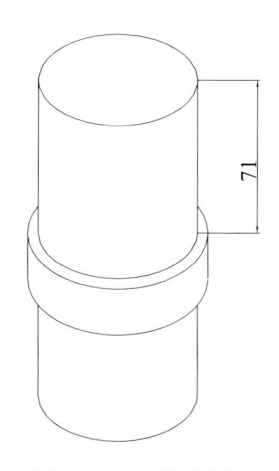

圖3-1-2 長度劃線

（4）依據劃的長度線將工件鋸斷。

（5）劃線。在 "V" 形鐵上結合直角尺劃出十字中心線，再按（35+鋸縫寬）/2 劃平行線，最後連接外表面線，得鋸縫線。注意劃中心線時一定要用直角尺靠正，以保證垂直。如圖 3-1-3 所示。

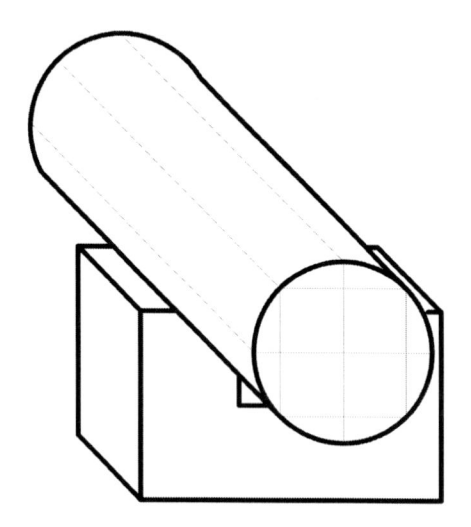

圖 3-1-3 劃線示意圖

（6）將劃好加工線的工件正確牢固夾持在台虎鉗上，注意零件裝夾要牢靠，按鋸縫線依次鋸，得到長方體，如圖 3-1-4 所示。注意起鋸要準確，鋸痕要整齊，表面要平整，做到尺寸誤差控制在±0.8mm 以內。平面度、垂直度、平行度要控制在允許範圍內，加工過程中，注意隨時觀察，及時糾正。

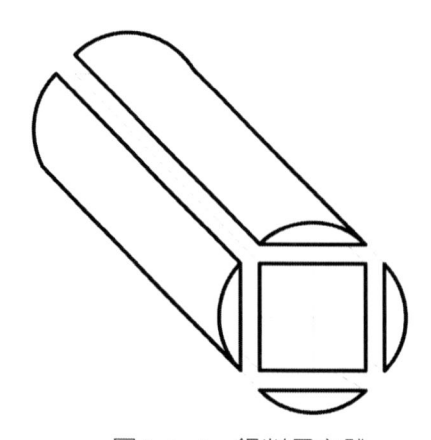

圖 3-1-4　鋸削長方體

（7）按照圖紙尺寸檢測零件品質要求。合格後上交零件。
（8）清理工具、量具數量，擦拭乾淨，並歸還工具、量具。
（9）打掃工作場地，清潔衛生。

做一做

每位同學用一塊 70mm×70mm×8mm 的薄鋼板，按圖樣進行鋸削操作，圖 3-1-5 所示。先自己評價，然後請其他同學評價，最後教師評價。

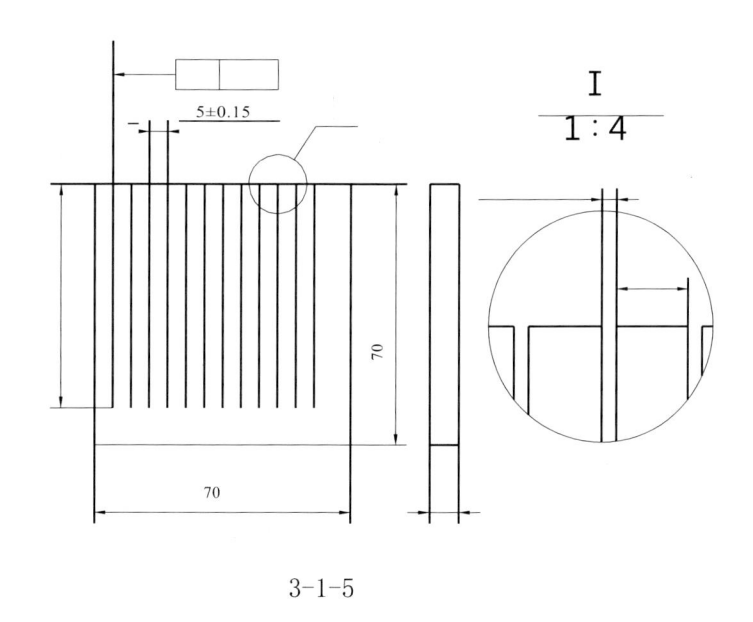

3-1-5

相關知識

用手鋸把材料（或者工件）鋸出狹縫或進行分割的工作稱為鋸削。鋸削的工是手鋸，手鋸由鋸弓和鋸條兩部分組成。

1.鋸弓

鋸弓是用來安裝和張緊鋸條的，鋸弓有固定式和可調式兩種，如圖 3-1-6 所示。固定式鋸弓只能安裝一種長度的鋸條；可調式鋸弓的安裝距離可以調節，能安裝不同長度的鋸條。

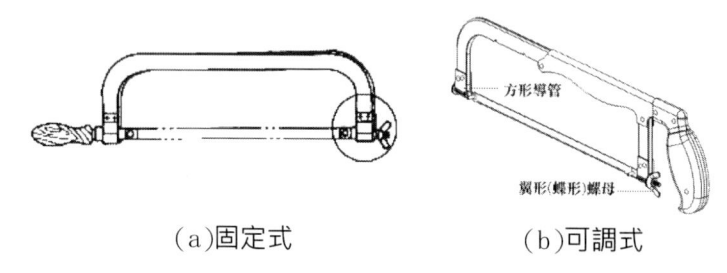

(a)固定式　　(b)可調式

圖3-1-6　鋸弓

鋸弓兩端都裝有夾頭，與鋸弓兩端的方孔配合，一端是固定的，一端是活動的。當鋸條裝在兩端夾頭的銷子上後，旋緊活動夾頭上的蝶形螺母就可以把鋸條拉緊。

2.鋸條

鋸條在鋸削過程中進行切削工作，是鋸削時的刀具，它是用碳素工具鋼（如 T10 或 T12）或合金工具鋼經熱處理後製成。鋸條的規格以鋸條兩端安裝孔之間的距離來表示，鉗工常用鋸條長度是 300mm。

（1）鋸條的切削角度。鋸條上有許多鋸齒，每一個鋸齒相當於一把小小的鑿子，如圖 3-1-7（a）所示。為

了使鋸條切削部分有比較大的容屑槽，提高鋸削效率，鋸齒的後角較大，為了保證鋸齒強度，鋸齒前角不宜太大。一般情況是，前角$\gamma=0°$，後角$\alpha=40°$，楔角$\beta=50°$。

(a)　　(b)

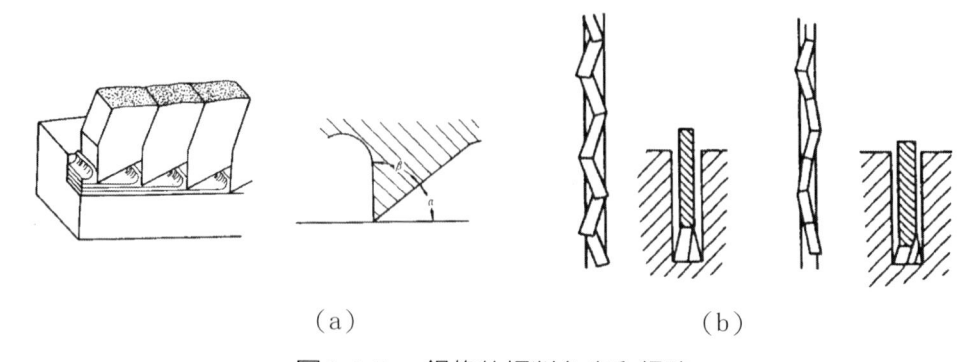

圖3-1-7　鋸條的切削角度和鋸路

（2）鋸路。

為了減少鋸縫兩邊對鋸條的摩擦阻力，避免鋸條被夾住或折斷，鋸條在製造時，鋸齒按一定的規律左右錯開，排列成一定的形狀，這叫鋸路。鋸路可以使鋸縫寬度大於鋸條厚度，從而防止"夾鋸"和鋸條過熱，並減少鋸條磨損。鋸路有交叉形和波浪形兩種，如圖 3-1-7（b）所示。

（3）鋸條的粗細及選擇。

鋸條的粗細以鋸條每 25mm 長度內的齒數來表示。一般分粗、中、細 3 種。14～18 齒為粗齒，22～24 齒為中齒，32 齒為細齒。

一般來說，粗齒鋸條的容屑空間大，適用於鋸削軟材料或較大的切面。鋸割硬材料或切面較小的工件應選細齒鋸條。因材料硬不宜鋸入，每推鋸一次切屑較少，不易堵塞容屑槽，細齒同時參加切削的齒數多，可使每齒擔負的鋸割量小，材料易於切除，推鋸省力，鋸齒也不易磨損。鋸割管子、薄板時選細齒鋸條，避免鋸齒被工件勾住造成崩齒。

（4）鋸條的安裝。

鋸條安裝時，要注意鋸齒方向。鋸條切削時，手鋸向前推為切削，向後返回時不切削。因此，鋸條安裝時鋸齒要朝前安裝，如圖 3-1-8 所示。

（a）正確　　　　（b）錯誤

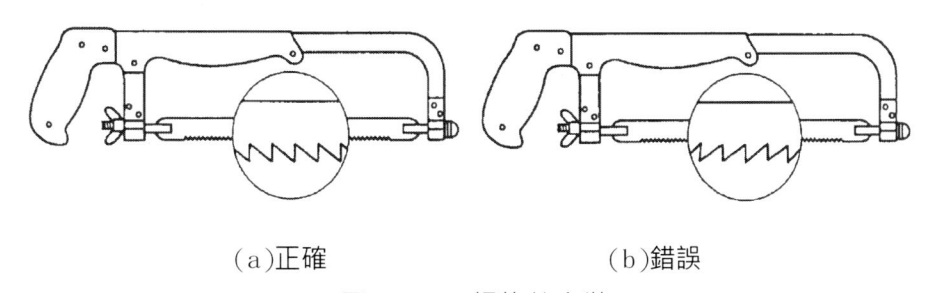

圖 3-1-8　鋸條的安裝

二、鋸削操作要領

（1）鋸削時站立姿勢。左腳在前，右腳在後，兩腳距離約為鋸弓之長，成 "L" 形，如圖 3-1-9 所示。

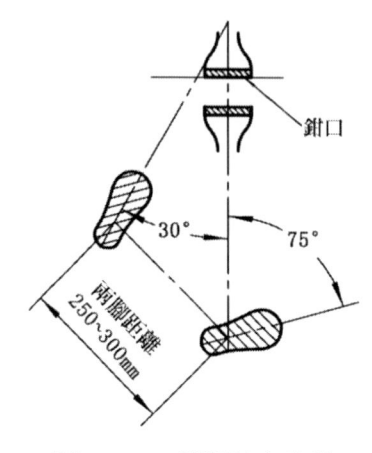

圖3-1-9　鋸削站立姿勢

（2）握鋸弓方法。右手推鋸柄，左手大拇指扶在鋸弓前面的彎頭處，其他四指握住下部，鋸削時推力和壓力均主要由右手控制，左手施加壓力不要太大，主要起扶正鋸弓的作用。

（3）起鋸方法有兩種。遠起鋸和近起鋸，一般採用遠起鋸，起鋸角度以 15° 左右為宜，如圖 3-1-10 所示。

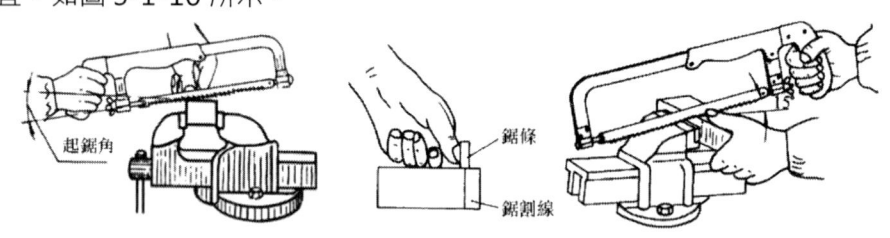

圖3-1-10　起鋸方法

(4)據削過程中，手握鋸柄要自然舒展，人體重量均勻分佈在兩腳上，如圖 3-1-11 所示。

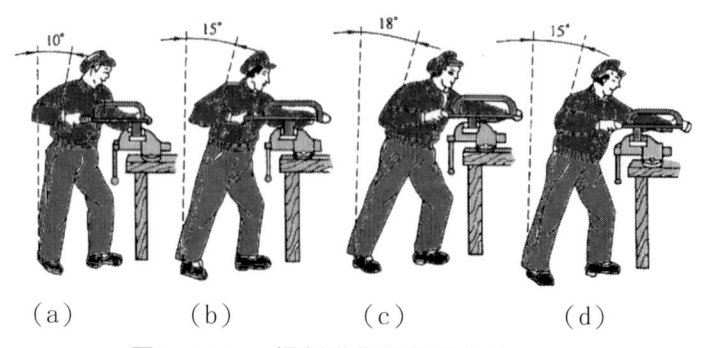

(a)　　　(b)　　　(c)　　　(d)

圖3-1-11　鋸削動作要領和方法

鋸削時左、右手要協調，推力和扶鋸力不要過大、過猛，回程應不施加力，如圖 3-1-12 所示。鋸削速度不宜過快，每分鐘 30～60 次為宜，並用鋸條全長的三分之二進行工作，以免鋸齒中間部分迅速磨損。

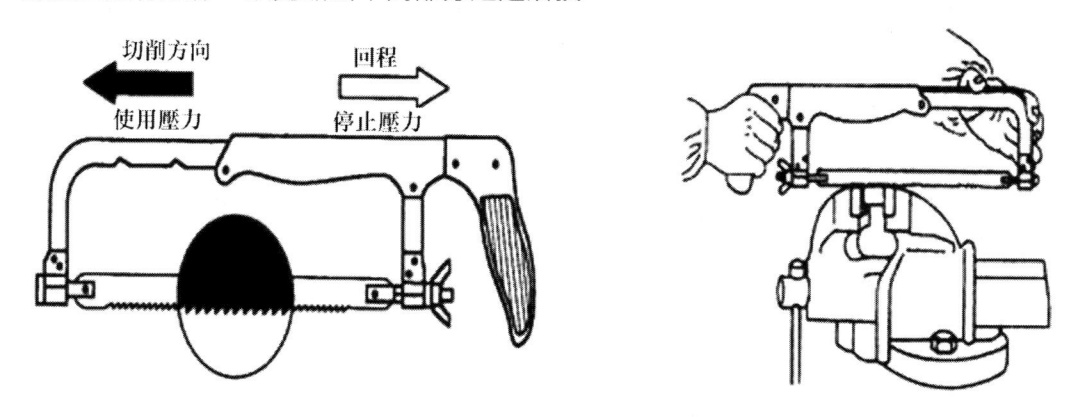

圖 3-1-12　鋸削時兩手用力

三、不同幾何斷面的鋸削方法

1. 棒料的鋸削

從起鋸到鋸斷，要一鋸到底。只是要求切斷的棒料，可以從周邊幾個方向切入而不到中心，最後折斷。

2. 薄壁管件的鋸削

薄壁管件鋸削時，應夾在木墊之間，如圖 3-1-13 所示。鋸削時，不宜從一個方向鋸到底，應從周邊旋轉切入到管件內壁，至切斷為止，如圖 3-1-14 所示。旋轉方向應使已鋸的部分轉向鋸條推進方向。

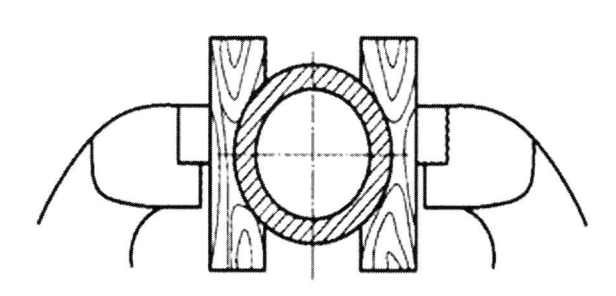

圖 3-1-13　薄壁管件的夾持

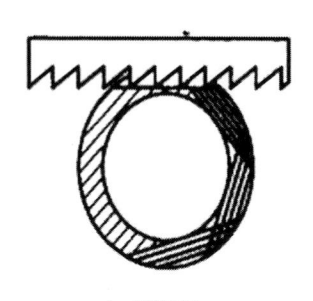

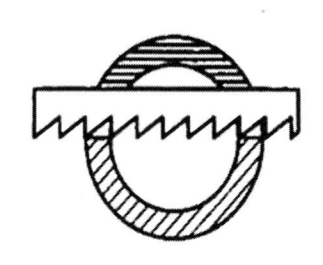

(a)正確　　　　　　　　　(b)錯誤
圖 3-1-14　薄壁管件的鋸削

3. 薄板的鋸削

較大的板料,可以從大面斜向鋸削。狹長薄板應夾持在兩木板之間一同鋸斷,如圖 3-1-15 所示。

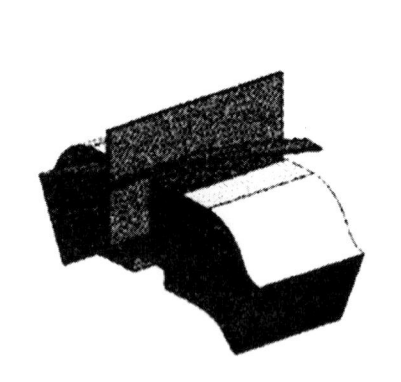

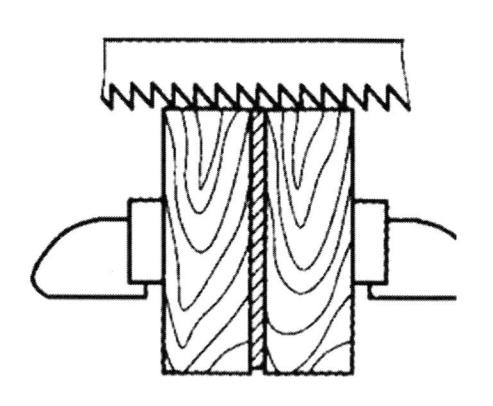

(a)斜向鋸削　　　　　　　(b)木板夾持鋸削
圖 3-1-15　薄板的鋸削方法

4. 深縫的鋸削

高於鋸弓跨度的深縫,鋸削時可以將鋸條旋轉 90°裝在鋸弓上進行鋸削,如圖 3-1-16 所示。

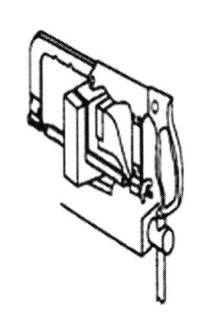

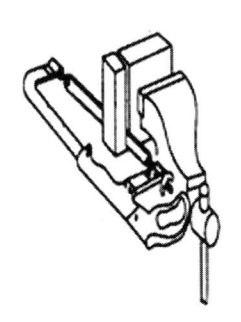

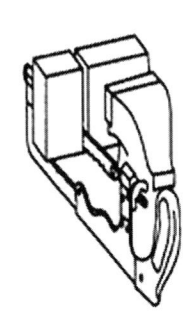

圖 3-1-16　深縫的鋸削方法

任務評價

完成本任務後，根據表3-1-2中的要求進行評價。

表3-1-2　鋸削任務評價表

評價內容	評價標準	分值	學生自評	教師評價
工件夾持正確	達到要求	10分		
尺寸65 mm 尺寸(5±0.25)	達到要求	30分		
直線度0.25 mm	達到要求	15分		
鋸削姿勢正確、自然	達到要求	5分		
鋸削斷面紋路整齊	達到要求	10分		
鋸條使用	正確使用	5分		
工具、量具擺放正確、排列整齊、場地乾淨整潔	達到要求	5分		
安全文明生產	沒有違反安全操作規程	10分		
情感評價	按要求做	10分		
學習體會				

练一练

一、填空題(每題10分　共50分)

1. 鋸條的粗細是用＿＿＿＿來表示，鋸削軟材料，應選用＿＿＿＿鋸條。

2. 鋸條安裝時，鋸齒方向朝＿＿＿＿，鋸條鬆緊要＿＿＿＿。

3. 鋸削速度一般以每分鐘＿＿＿＿次為宜。

4. 鋸割到材料快斷時，用力要＿＿＿＿，以防碰上手臂或折斷＿＿＿＿。

5. 為了防止鋸條發熱、磨損，鋸削鋼件時可在鋸條上加＿＿＿＿，鋸削鑄鐵件時在鋸條上加＿＿＿＿。

二、判斷題(每題10分 共50分)

1.工件安裝時，工件伸出鉗口儘量短。　　　　　　　　　　　　　(　)

2.鋸削時速度越快，鋸削效率越高。　　　　　　　　　　　　　　(　)

3.鋸削薄壁管子或薄板要用細齒鋸條。　　　　　　　　　　　　　(　)

4.鋸削過程中，鋸齒磨損太快，是由於沒在鋸條上加冷卻液。　　　(　)

5.鋸條容易折斷，是因為鋸條安裝太緊或太松。　　　　　　　　　(　)

項目四 鏨削工件

生活中或電視裡經常能看到石獅子等雕塑之類的物體,它們都是工匠用錘子、鏨子之類的工具加工出來的。在鉗工加工中,利用手錘敲擊鏨子對金屬材料進行切削加工,把金屬坯料上多餘的金屬層去掉,得到一定形狀和尺寸工件的方法稱為鏨削。

鏨削加工主要用於機械加工不便於加工的地方,可以用它來去除毛坯或鑄、鍛件上的飛邊、毛刺、澆冒口、凸台、切割板料條料、開槽及對金屬零件粗加工等,是鉗工的一項基本操作技能。本項目主要學習鏨削技能,鏨削如下圖所示工件。

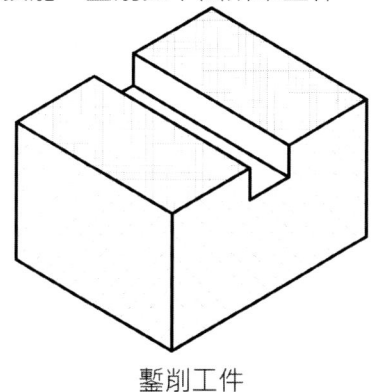

鏨削工件

目標類型	目標要求
知識目標	(1)認識鏨削工具用途和鏨子的幾何角度 (2)認識鏨子的刃磨與熱處理方法 (3)掌握鏨削操作要領 (4)掌握平面、直槽的鏨削方法
技能目標	(1)能描述鏨削操作要領 (2)會鏨削平面和直槽 (3)能完成鏨削平面、直槽工作任務
情感目標	(1)養成工具、量具擺放整齊、用完及時歸還的良好習慣 (2)養成完成工作任務後,及時打掃場地衛生的習慣 (3)嚴格遵守鏨削操作安全規程,預防安全事故發生

鉗工基本技能

任務 鏨削彎曲模具的凹模工件

任務目標

(1)能認識鏨削工具種類及用途。
(2)能使用鏨削工具進行工件的鏨削操作。
(3)能掌握鏨削操作要領。

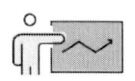

任務分析

本任務主要要求同學們掌握鏨削工具的種類、用途，能正確裝夾工件；掌握鏨削的揮錘方法、鏨子和錘子的握法以及正確的鏨削姿勢；能正確鏨削平面、直槽，達到工件要求的形狀和尺寸，並完成如圖 4-1-1 所示的六面體的 A 面及通槽鏨削工作。

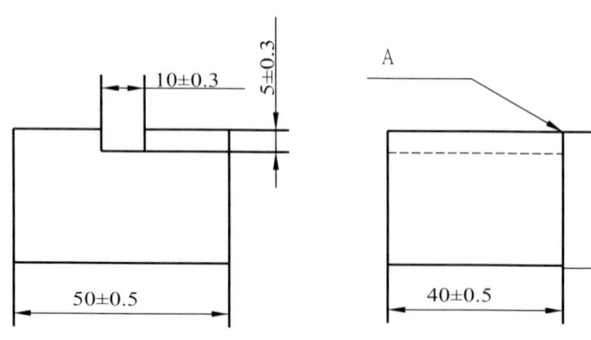

技術要求：
A 面平面度公差為 0.80mm

圖4-1-1　鏨削工件圖

任務實施

一、工具、量具的準備

鏨削六面體任務的工具、量具清單見表4-1-1。

表4-1-1 工具 量具清單

序號	名稱	規格	數量
1	劃線平板		1塊/人
2	劃針		1把/人
3	樣沖		1只/人
4	錘子	0.5 kg	1把/人
5	鋼直尺	150 mm	1把/人
6	扁鏨		1把/人
7	窄鏨		1把/人
8	防護眼鏡		1副/人
9	工件坯料(鑄鐵)	50 mm×40 mm×32 mm	1塊/人

二、任務實施步驟

（1）檢測工具、量具：錘子錘柄是否裝夾牢固，木柄上不能沾油，防止錘頭飛出傷人。鏨子柄部是否有毛刺，避免劃傷手。

（2）利用劃線平板、劃針、鋼直尺等劃線工具，按圖紙要求，將工件毛坯進行劃線，並打好樣沖眼（四個表面都要劃線、打樣沖眼）。如圖4-1-2所示。

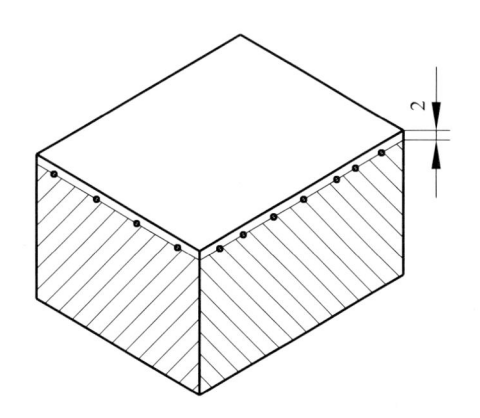

圖4-1-2 劃線的鏨削工件

（3）工件夾持：將工件夾持在台虎鉗上。需要注意的是，必須將工件夾持牢固，防止工件掉落砸傷腳。

（4）完成工件較大的一個平面的鏨削（注意戴上防護眼鏡）：先在平面上鏨出若干條平行槽，如圖 4-1-3（a）所示；再用扁鏨將剩餘部分鏨去，如圖 4-1-3（b）所示；最後修整平面，達到平面度和尺寸的要求。

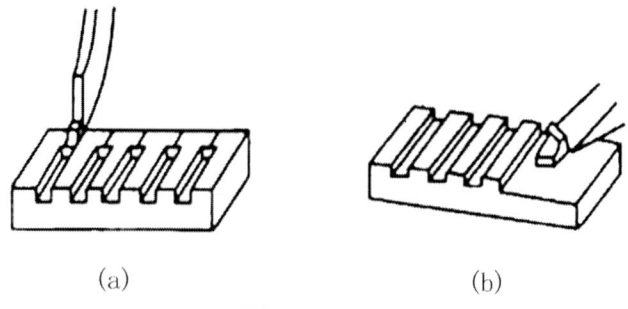

(a) (b)

圖 4-1-3　平面鏨削

（5）在鏨出的工件上，按圖紙尺寸，劃出直槽線，並打樣沖眼。如圖 4-1-4 所示。

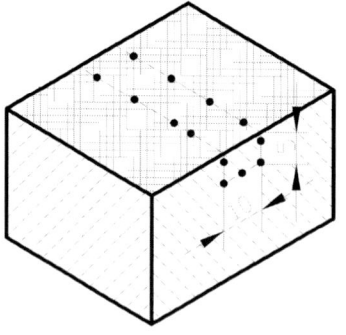

圖 4-1-4　劃直槽線工件

（6）依據所劃的線條鏨削直槽，從正面起鏨，先沿線條以 0.5mm 的鏨削量鏨削，然後再按直槽深 5mm、寬 10mm 進行分批鏨削，留餘量進行最後一遍修整，使直槽達到相應的平面度和尺寸要求。如圖 4-1-5 所示。

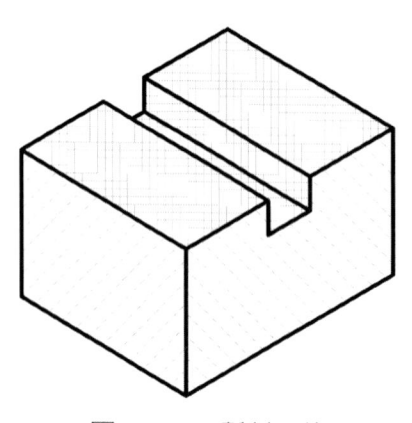

圖 4-1-5　鏨削工件

（7）檢測工件所有尺寸，保證達到圖紙要求。

（8）將工件打上編號，上交老師處。

（9）清點、歸還工具、量具，打掃工作場地衛生。

做一做

上面已介紹了鏨削工具的使用，鏨削時如何保證品質，下面來做一做，看誰做得又好又快。鏨削大平面 A 和"十"字形直槽。如圖 4-1-6、圖 4-1-7 所示。每位同學用一件 50mm×40mm×32mm 工件坯料，按圖樣加工出零件，先自己評價，然後請其他同學評價，最後教師評價。

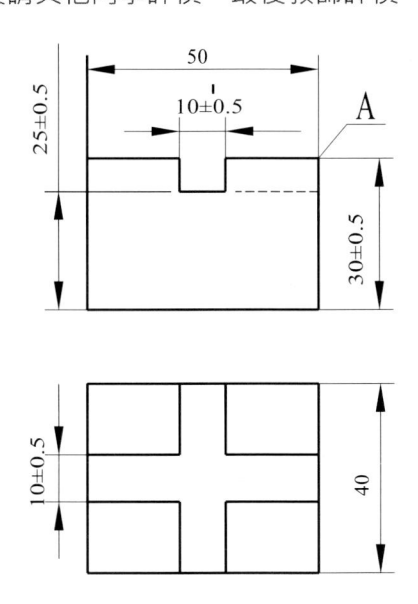

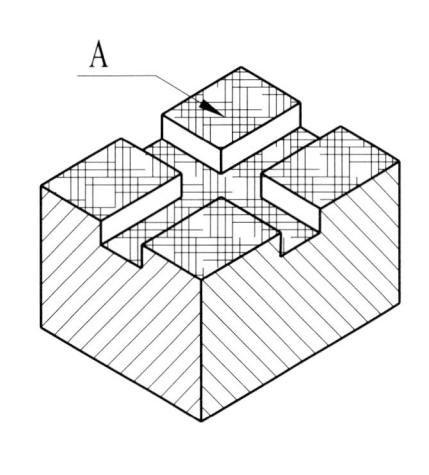

圖4-1-6 "十"字形直槽工件　　圖4-1-7 "十"字形直槽工件軸測圖

相關知識

一、鏨削工具

1.鏨子

鏨子是鏨削加工的刀具，由碳素工具鋼（T7 或 T8）鍛打成形後再進行熱處理和刃磨而成。鏨子由切削部分、斜面、柄部和頭部四部分組成，其長度約 170mm，直徑 18～24mm；頭部一般製成錐形，以便錘擊能通過鏨子軸心；柄部一般製成六邊形，以便操作者定向握持。

鉗工常用的鑿子有 3 種，即扁鑿、窄鑿、油槽鑿，如圖 4-1-8 所示。其中，扁鑿的切削部分扁平，用於鑿削大平面、薄板料、清理毛刺等；窄鑿的切削刃較窄，用於鑿槽和分割曲面板料；油槽鑿的刀刃很短，並呈圓弧狀，用於鑿削軸瓦和機床平面上的油槽等。

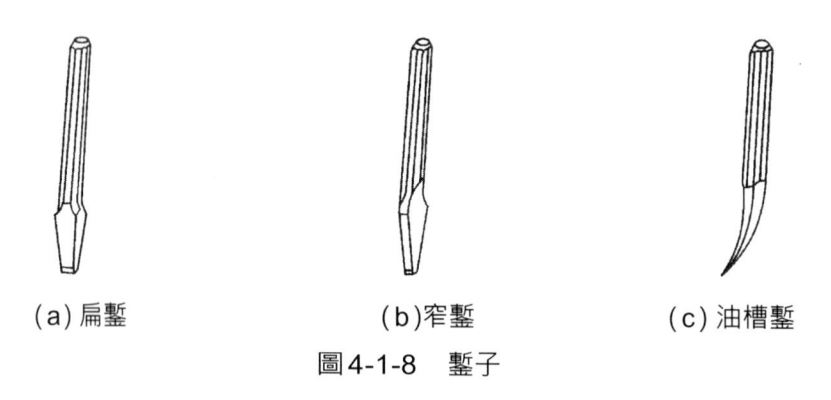

(a) 扁鑿　　　　(b) 窄鑿　　　　(c) 油槽鑿

圖 4-1-8　鑿子

鑿子的切削部分包括兩個表面（前刀面和後刀面）和一條切削刃（鋒口）。切削部分要求有較高硬度（大於工件材料的硬度），且前刀面和後刀面之間形成一定楔角。楔角 β_0 大小應根據材料的硬度及切削量大小來選擇。楔角大，切削部分強度大，但切削阻力大。在保證足夠強度的條件下，儘量取小的楔角，一般取楔角 $\beta_0=60°$。鑿子切削時的角度如圖 4-1-9 所示。

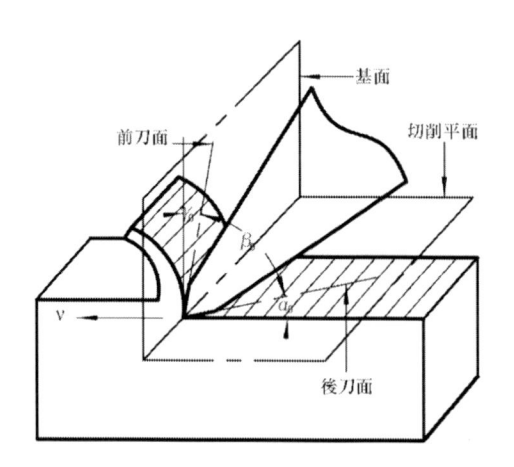

圖 4-1-9　鑿子的切削角度

2.錘子

錘子又叫手錘，是鏨削加工所用的敲擊工具，也是裝配、維修設備等常用的主要工具。錘子由錘頭、木柄等組成，根據用途不同，錘子有軟、硬之分。錘子的常見形狀如圖 4-1-10 所示。

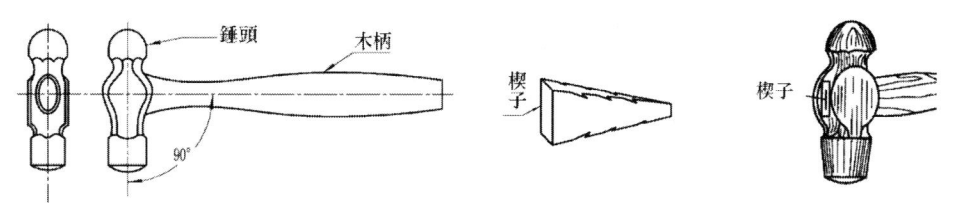

圖 4-1-10　錘子

二、鏨子的刃磨與熱處理

1.鏨子的刃磨

鏨子切削刃的好壞，直接影響鏨削品質和效率。因此，在鏨削過程中，若鏨子刃口有磨損或損壞，要及時修磨。

鏨子刃磨的方法是：將鏨子刃面置於旋轉著的砂輪輪緣上，略高於砂輪的中心，且在砂輪的寬度方向左右移動。刃磨時掌握鏨子的方向和位置，以保證所磨的楔角符合要求。前、後兩面交替磨，以求對稱。刃磨時，加在鏨子上的壓力不應太大，以免刃部因過熱而退火；必要時，可將鏨子浸入冷水中冷卻。

2.鏨子的熱處理

鏨子切削部分經鍛造後，為了保證鏨子的硬度和韌性，需要進行適當的熱處理。熱處理包括淬火、回火兩個過程。

具體熱處理方法是：將鏨子切削部分進行粗磨後，把約 20mm 長的切削部分加熱到呈暗櫻紅色（750～780℃）後迅速浸入冷水中冷卻。浸入深度為 5～6mm，如圖 4-1-11 所示；為了加速冷卻，可手持鏨子在水面慢慢移動，使淬火部分與不淬火部分的界限不明顯。當鏨子露出水面部分顏色變成黑色時，即從水中取出，迅速將刃口在砂布上擦幾下，去掉表面氧化皮或汙物，利用上部餘熱進行回火。這時要注意觀察刃口面顏色隨溫度變化的情況：從水中取出，顏色由灰白變黃色，再由黃色變紅色、紫色、藍色；當呈現黃色時，把鏨子全部浸入水中冷卻，這種回火稱為"黃火"；當呈現藍色時，把鏨子全部浸入水中冷卻，這種回火稱為"藍火"。"黃火"的硬度比"藍火"高，耐磨，但較脆，容易斷裂"；藍火"硬度比較適宜，故採用較多。

圖 4-1-11　鏨子的熱處理

三、鏨削操作要領

1.鏨子的握法

鏨子正確的握法是鏨削出好品質工件的前提。鏨子有正握法、反握法和立握法三種，如圖 4-1-12 所示。

用手握鏨子時，鏨子用左手的中指、無名指和小指握持，大拇指與食指自然合攏，讓鏨子的頭部伸出約 20mm。鏨削時，小臂要自然平放，並使鏨子保持正確的後角。

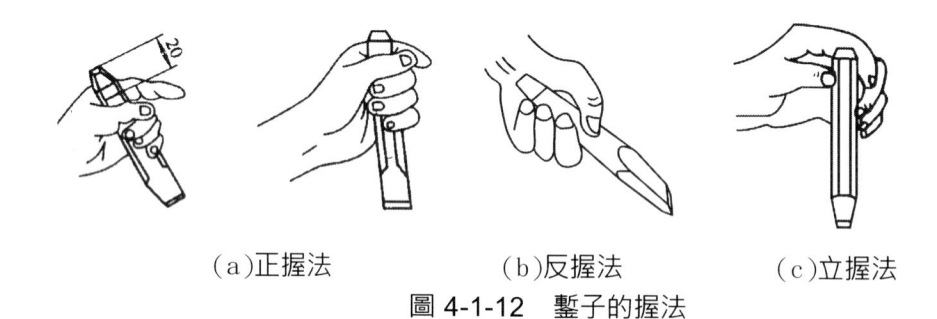

(a)正握法　　　(b)反握法　　　(c)立握法

圖 4-1-12　鏨子的握法

2.錘子的握法

錘子的握法分緊握法和松握法兩種，如圖4-1-13所示。

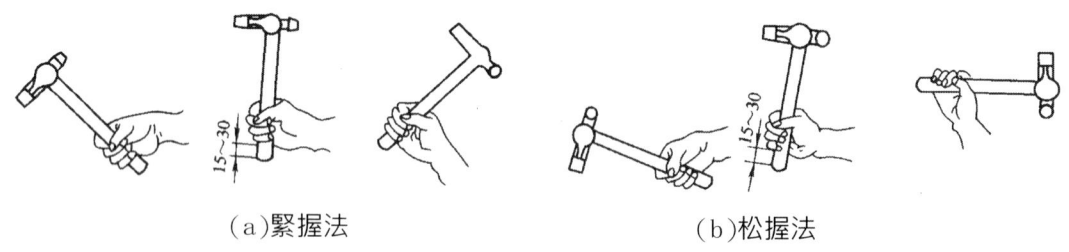

(a)緊握法　　　　　　(b)松握法

圖4-1-13　錘子的握法

3.揮錘的方法

揮錘方法分手揮（腕揮）、肘揮和臂揮三種，如圖 4-1-14 所示。揮錘時要有節奏，揮錘速度一般約每分鐘 40 次，錘子敲下去時應加速，這樣可以增加錘擊的力

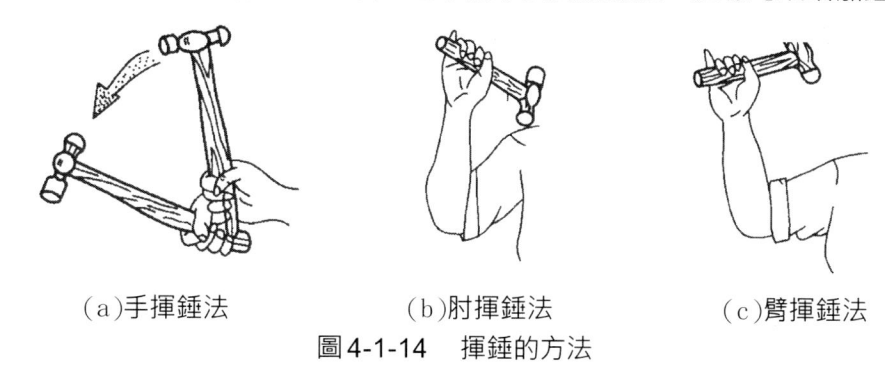

(a)手揮錘法　　　(b)肘揮錘法　　　(c)臂揮錘法

圖 4-1-14　揮錘的方法

4.鏨削姿勢

鏨削時，兩腳互成一定角度，左腳跨前半步，右腳稍微朝後，身體自然站立，重心偏於右腳，如圖 4-1-15 所示。右腳要站穩，右腿要伸直，左腿膝蓋關節應稍微自然彎曲。眼睛注視鏨削處。左手握鏨使其在工件上保持正確的角度。右手揮錘，使錘頭沿弧線運動，進行敲擊，如圖 4-1-16 所示。

圖 4-1-15　鏨削時雙腳的位置　　圖 4-1-16　鏨削姿勢

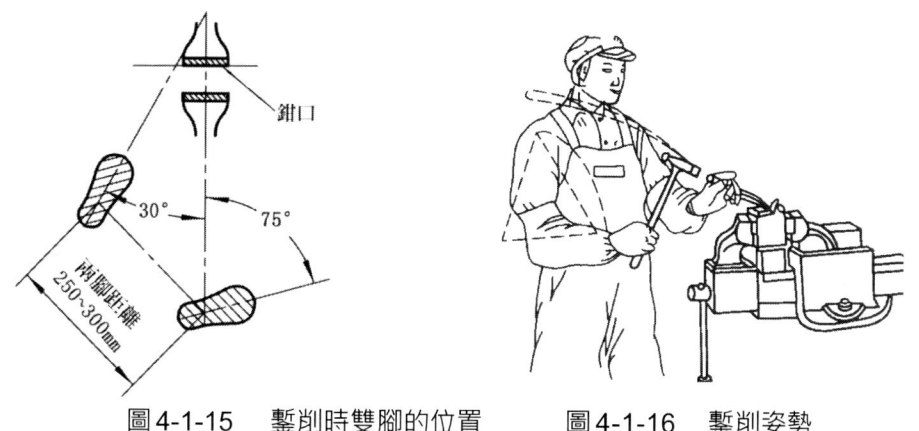

5.揮錘要領和錘擊要領

揮錘要做到：肘收臂提，舉錘過肩，手腕後弓，三指微鬆，錘面朝天，稍停瞬間。錘擊要做到：穩──節奏平穩、準──命中率高、狠──錘擊有力。動作要求節奏保持在每分鐘 40 次左右。

五、油槽和板料的鏨削方法

1.油槽

油槽一般起存儲和輸送潤滑油的作用，鉗工中可以用油槽鏨進行鏨削，要求油槽必須光滑且深淺均勻。因此，鏨油槽前，首先要根據油槽的斷面形狀，對油槽鏨的切削部分進行準確刃磨，再在工件表面準確劃線，最後一次鏨削成形；也可以先鏨出淺痕，再一次鏨削成形，如圖 4-1-19 所示。

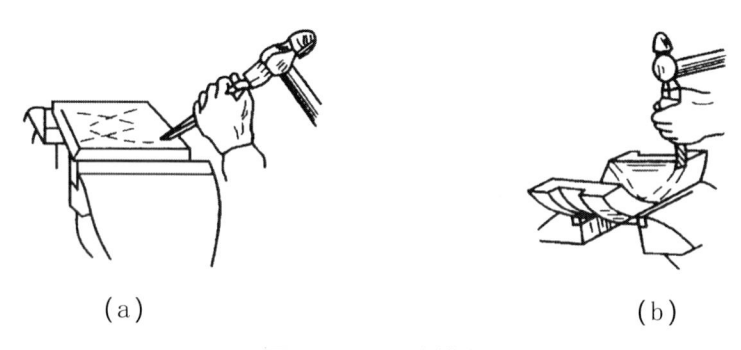

(a)　　　　　　　　　　　(b)

圖4-1-19　油槽鏨削

平面上的油槽鏨削和平面鏨削方法基本一致，如圖 4-1-19（a）所示。曲面上鏨油槽時，鏨削的方向應隨工件的曲面及油槽的圓弧而變動，使鏨子的後角保持一致如圖 4-1-19（b）所示。這樣才能鏨出光滑、美觀和深淺一致的油槽。油槽鏨好後，上面有毛刺，可用刮刀或細銼刀修整。

2.板料

（1）在台虎鉗上鏨削板料的方法。不大的板料，可將板料夾持在台虎鉗上，並使工件的鏨削線和鉗口平齊，應用扁

鏨沿鉗口並斜對板料面（30°～45°）自右向左鏨削，如圖 4-1-20 所示。注意，鏨子不能正對板料鏨削，這樣會使板料出現裂縫。

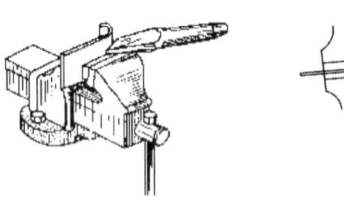

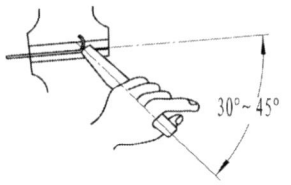

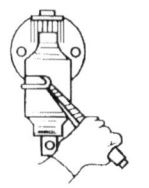

圖4-1-20　台虎鉗上鏨削板料

（2）在鐵砧上鏨削板料的方法。

較大尺寸的板料，可放在鐵砧或平板上鏨削。此時鏨子應垂直於工件表面，如圖4-1-21所示。板料下面應墊上廢舊的軟鐵材料，避免碰傷鏨子的切削刃。

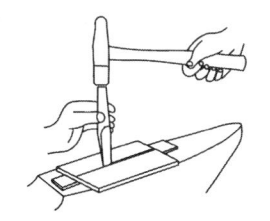

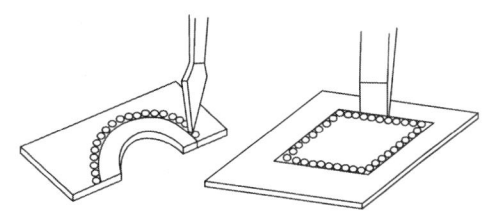

圖4-1-21　鐵砧上鏨削板料　　　圖4-1-22　密集排孔鏨削板料

(3)密集排孔配合鏨削。

在薄板上鏨削比較複雜零件毛坯時，可以先按零件輪廓線（距鏨削線0.5mm）處用 φ3～φ5mm 鑽頭以 3～5mm 的間距鑽出密集的小孔，然後再配合用鏨子逐步鏨削成形，如圖4-1-22所示。

任務評價

鏨削凹模工件任務評價，見表4-1-2。

表4-1-2　鏨削任務評價表

評價內容	評價標準	分值	學生自評	教師評估
工件夾持正確	達到要求	5分		
尺寸精度	達到要求	20分		
平面度	達到要求	20分		
站立位置和身體姿勢正確、自然	達到要求	10分		
握鏨正確、自然	達到要求	5分		
鏨削角度大小合適、穩定	操作姿勢、動作正確	5分		
握錘與揮錘正確、速度適當、錘擊準確、有力	操作姿勢、動作正確	10分		
工具、量具擺放正確、排列整齊、場地乾淨整潔	達到要求	5分		
安全文明生產	沒有違反安全操作規程	10分		
情感評價	按要求做	10分		
學習體會				

练一练

一、填空題(每題10分 共50分)

1. 鏨削平面用_____鏨，鏨削油槽用_____。
2. 鏨子的握法有_____、_____和_____三種。
3. 揮錘方法有_____、_____和_____三種。
4. 鏨削平面時，起鏨要從工件_____處，將鏨子向_____傾斜，輕敲鏨子就容易鏨入工件。
5. 當鏨削到工件盡頭時，為了防止工件邊緣材料崩裂，要在接近盡頭_____時，必須_____鏨去餘下部分。

二、判斷題(每題10分 共50分)

1. 鏨子熱處理時，加熱到顏色呈暗紅色後取出浸入冷水冷卻。（　　）
2. 錘子的木柄上不能沾油。（　　）
3. 鏨削大的平面要用扁鏨。（　　）
4. 鏨削時，兩腳互成一定角度，左腳跨前半步，右腳稍微朝後，身體自然站立，重心偏於左腳上。（　　）
5. 錘擊要做到：穩——節奏平穩、準——命中率高、狠——錘擊有力。（　　）

項目五　銼削工件表面

銼削是指用銼刀對工件表面進行切削加工，使工件達到所要求的尺寸、形狀和表面粗糙度的加工方法。銼削應用廣泛，適用於加工內外平面、內外曲面、內外角、溝槽及各種複雜形狀的表面。

銼削是鉗工的三大基本技能之一，是鉗工的核心技能。銼削技能掌握的好壞直接決定了鉗工技能水準的高低。本項目主要學習銼削的技能，如下圖所示。

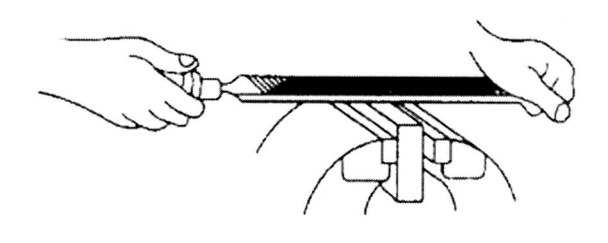

銼削工件

目標類型	目標要求
知識目標	(1)知道銼削的安全操作規程 (2)知道銼削基本理論知識要點 (3)能識別各種銼削工具
技能目標	(1)能熟練掌握銼削的基本動作要領 (2)能熟練掌握銼削基本操作技能，並達到中級鉗工的技能水準 (3)能正確地使用銼削工具
情感目標	(1)能養成自主學習的習慣 (2)能與他人溝通交流 (3)能意識到規範操作和安全操作的重要性 (4)能參與團隊合作完成工作任務

任務一　銼削落料凸模固定板

任務目標

(1)能識別銼削工具。
(2)會使用銼削工具。
(3)能正確地進行平面銼削操作。
(4)能熟練掌握銼削的基本理論知識要點。

任務分析

本任務的主要內容是識別銼削工具,會使用銼削工具正確地銼削工件平面。銼削是一項技能要求較高的鉗工工作，直接關係到產品的品質，操作過程中稍微不注意就會造成加工工件的報廢。要完成本任務需要的工具（銼刀）形狀和種類較多，一定要根據所加工工件的表面形狀及其位置正確地選擇銼刀以及銼削操作手法，本任務需要的輔助工具（外徑千分尺、刀口形直尺等）的相關知識也必須掌握。完成所給圖形的長方體外形銼削加工，達到精度要求。零件坯料尺寸為 90×80×12mm，將其加工至如圖 5-1-1 所示的尺寸要求。

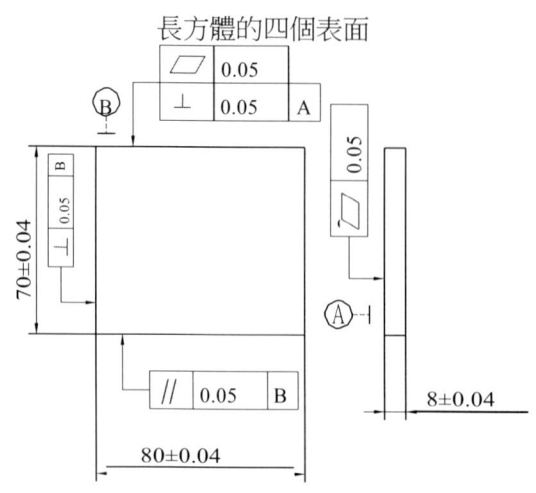

圖5-1-1　平面銼削

技術要求：
1.表面粗糙度 Ra :1.6～3.2 μm ;
2.銳邊倒棱。

任務實施

一、工具、量具的準備

銼削的工具、量具準備清單見表5-1-1。

表5-1-1　工具 量具清單

序號	名稱	規格	數量
1	高度遊標卡尺	0～300 mm	1把/組
2	遊標卡尺	0～150 mm	1把/組
3	寬座角尺	100 mm×63 mm	1把/組
4	劃線平板		1塊/組
5	劃針		1把/組
6	劃規		1把/組
7	樣沖		1套/組
8	錘子		1把/組
9	擋塊("V"形鐵)		1塊/組
10	大銼刀		1把/人
11	中銼刀		1把/人
12	整形銼刀		1套/人
13	方銼刀		1把/人
14	三角銼刀		1把/人
15	千分尺		1把/人
16	拋光紗布		1張/人

二、銼削的工藝步驟

銼削如圖 5-1-1 所示的零件加工工藝步驟如下：

1.銼大平面

利用前面鋸削課題的練習件製作毛坯 90mm×80mm×12mm，要求用規格為 300mm 的粗齒銼刀配合規格為 150mm 的細齒銼刀加工，以練習技能為主，如圖 5-1-2 所示，先粗、精加工出大平面，達到平面度和粗糙度的要求。

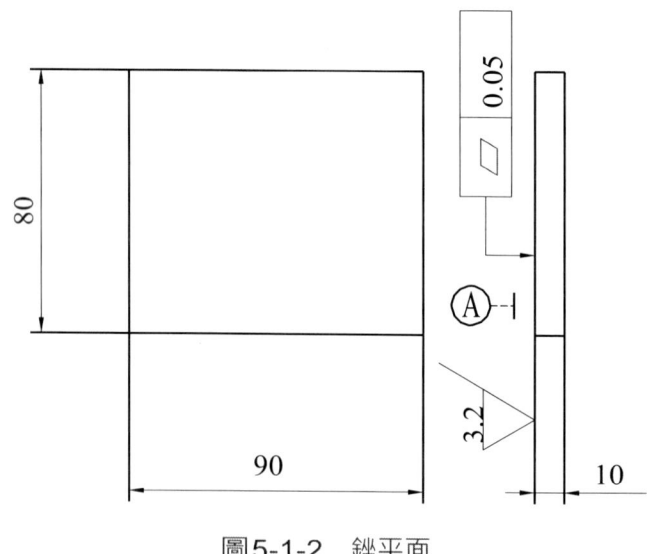

圖5-1-2　銼平面

2.銼對應面

達到尺寸 8mm 和表面粗糙度要求。

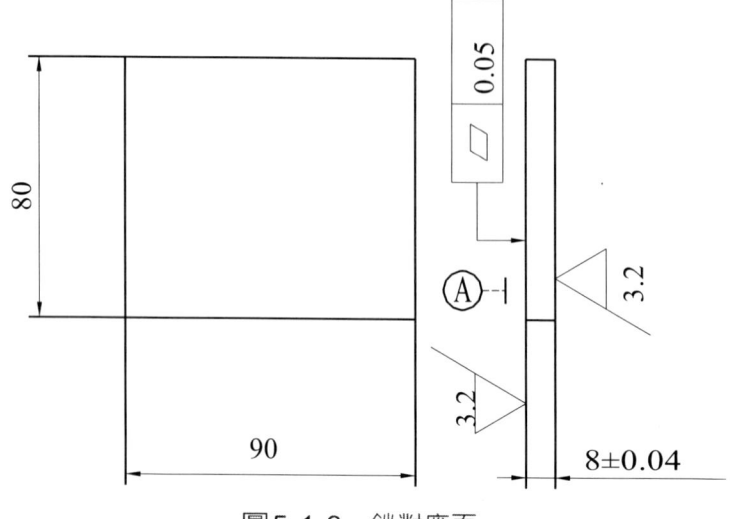

圖5-1-3　銼對應面

3. 銼第二基準面 B 面

保證平面度及與大平面 A 的垂直度。注意用刀口形直尺仔細檢查，如圖 5-1-4 所示。

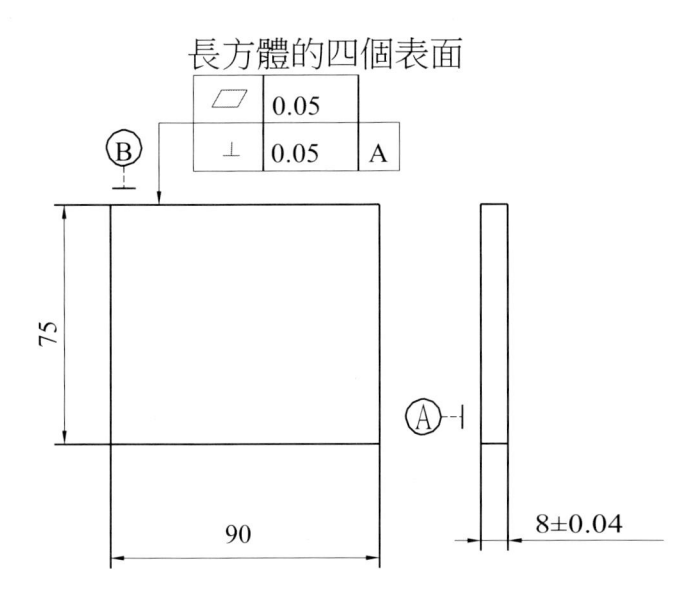

圖 5-1-4　銼第二基準面 B 面

4. 銼垂直面

銼垂直於基準面（B 面）的垂直面，達到平面度、垂直度、表面粗糙度的要求，如圖 5-1-5 所示。

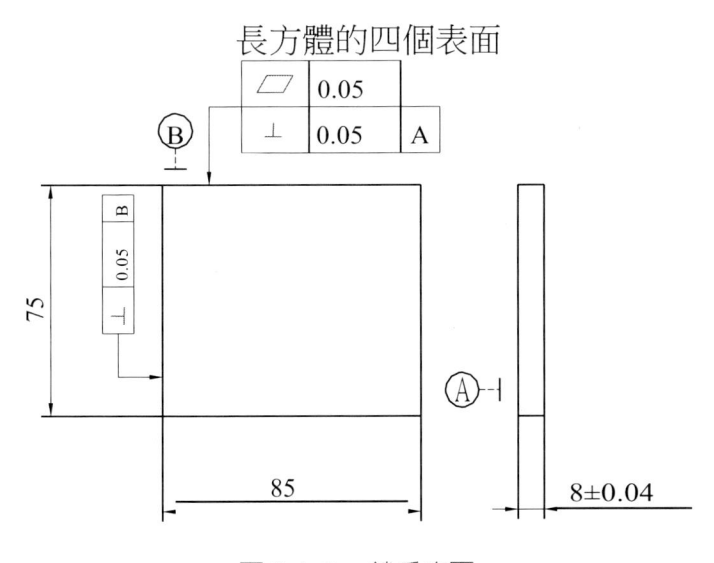

圖 5-1-5　銼垂直面

5.銼平行面

先按圖樣 5-1-1 尺寸劃線：長 80mm，寬 70mm，如圖 5-1-6 所示。按劃線位置對其中的一面進行銼削，如果條件允許先鋸削，再銼削，留餘量 0.15mm，然後精銼達到尺寸、平行度、垂直度、表面粗糙度的要求，如圖 5-1-7 所示。注意一邊銼削一邊檢查，兩個動作交替進行，以保證達到要求。同理完成另一平行面銼削。

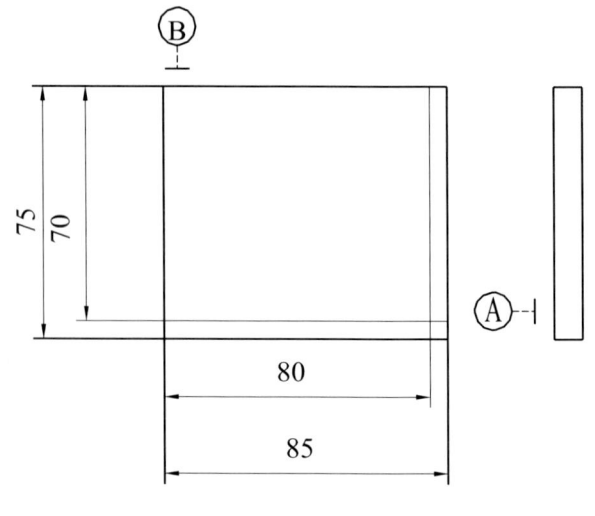

圖5-1-6　劃線

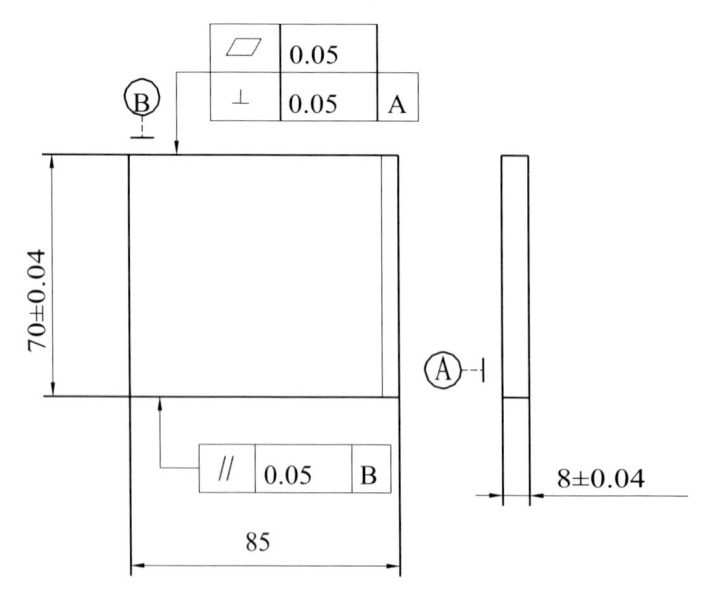

圖5-1-7　銼平行面

項目五 銼削工件表面

6.檢查、交工件、整理鉗台

工件銳邊倒棱，去毛刺，以免傷手或造成檢查誤差。按如圖 5-1-1 所示要求，檢查後上交工件，整理鉗台，做清潔，歸還工具和量具。

做一做

上面已介紹了銼削工具的使用，銼削時如何保證品質，下面來做一做，看誰做得又好又快。

每位同學用一塊 80mm×35mm×12mm 的薄鋼板，按圖樣劃出圖形，並銼削達到要求，如圖 5-1-8 所示。先自己評價，然後請其他同學評價，最後教師評價。

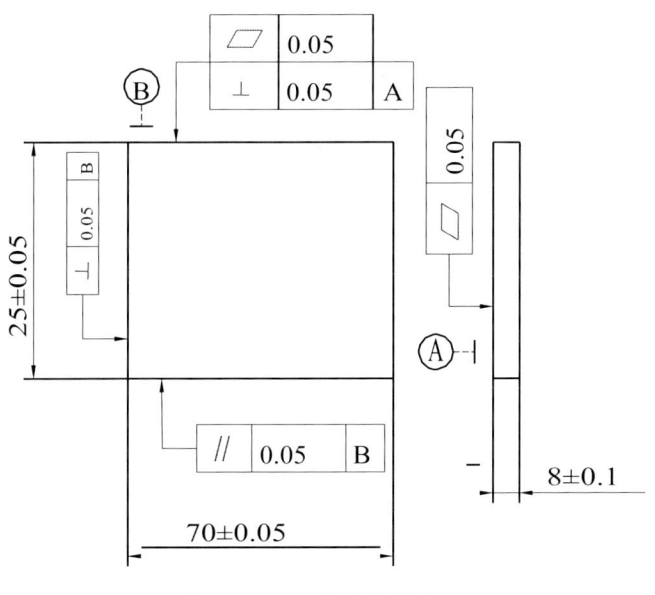

圖 5-1-8　長方體工件

相關知識

一、銼削的應用範圍

銼削適用於內、外平面，內、外曲面，內、外角，溝槽及形狀複雜的表面。例如：對裝配過程中的個別零件進行最後修整；在維修工作中或在小批量生產條件下，對一些形狀較複雜的零件進行加工；製作工具或模具；手工去毛刺、倒角、倒

二、銼刀

1.銼刀的構造及各部分名稱

銼刀的構成如圖 5-1-9 所示，由銼刀面、銼刀邊、銼刀尾、手柄等部分組成。銼刀的大小以銼刀面的工作長度來表示。銼刀的銼齒是在剁銼上剁出來的。銼刀常用碳素工具鋼 T10、T12 製成，並經熱處理淬硬到 HRC62～67。

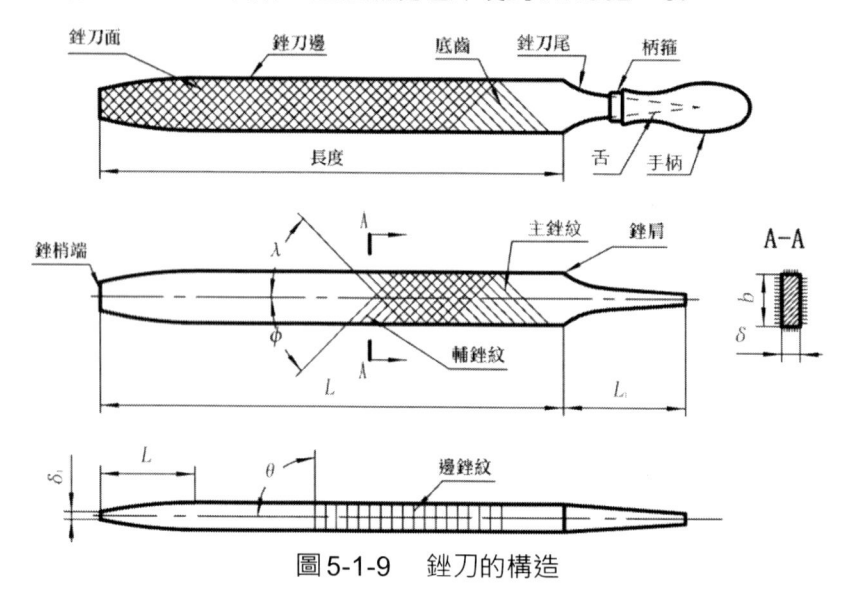

圖 5-1-9　銼刀的構造

2.銼刀的類型

如圖 5-1-10 所示，銼刀按用途不同分為普通銼刀（或稱鉗工銼）、異形銼刀和整形銼刀（或稱什錦銼刀）三類，其中普通銼刀使用最多。

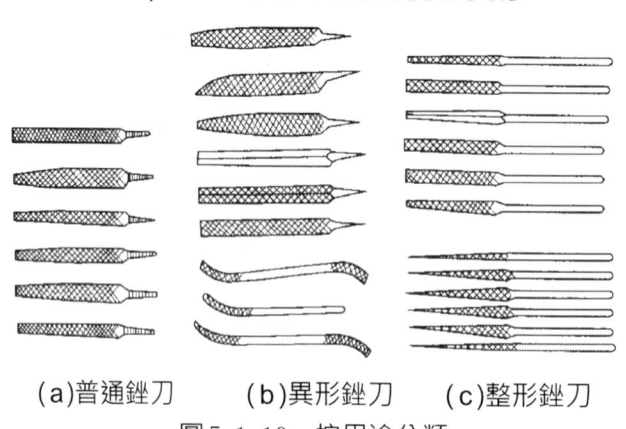

(a)普通銼刀　　(b)異形銼刀　　(c)整形銼刀

圖5-1-10　按用途分類

如圖 5-1-11 所示，普通銼刀按截面形狀不同分為扁銼、方銼、圓銼、半圓銼和三角銼等；按其長度不同可分為 100mm、200mm、250mm、300mm、350mm 和 400mm 六種；按其齒紋不同可分為單齒紋、雙齒紋（大多用雙齒紋）兩種；按其齒紋疏密程度不同可分為粗齒銼、細齒銼和油光銼三種。銼刀的粗細以每 10mm 長的齒面上銼齒齒數來表示，粗齒銼的齒數為 4～12 齒，細齒銼的齒數為 13～24 齒，油光銼的齒數為 30～36 齒。

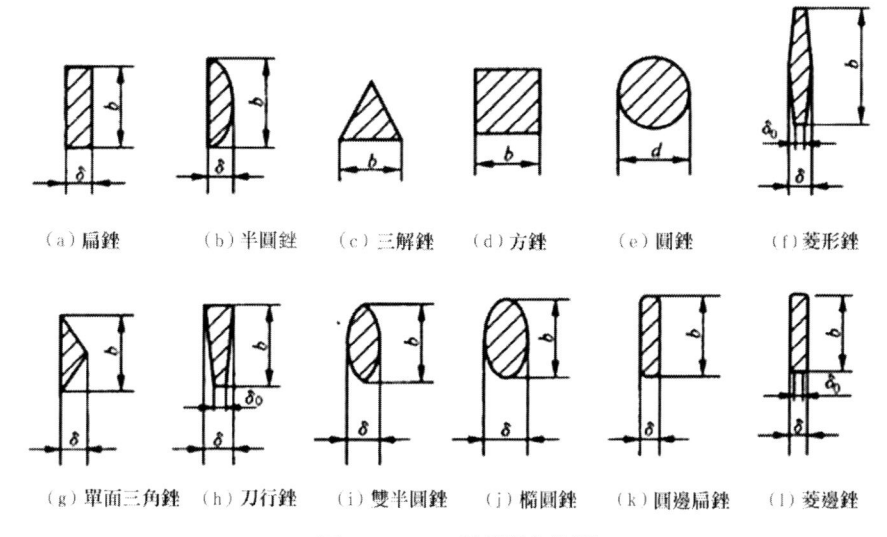

(a) 扁銼　(b) 半圓銼　(c) 三解銼　(d) 方銼　(e) 圓銼　(f) 菱形銼

(g) 單面三角銼　(h) 刀行銼　(i) 雙半圓銼　(j) 橢圓銼　(k) 圓邊扁銼　(l) 菱邊銼

圖5-1-11　按形狀分類

隨著社會的發展，人們需要加工各種形狀的零件，不斷提高生產效率。為此，一些廠家開發了各種新型的硬質合金銼刀，如圖 5-1-12 所示。

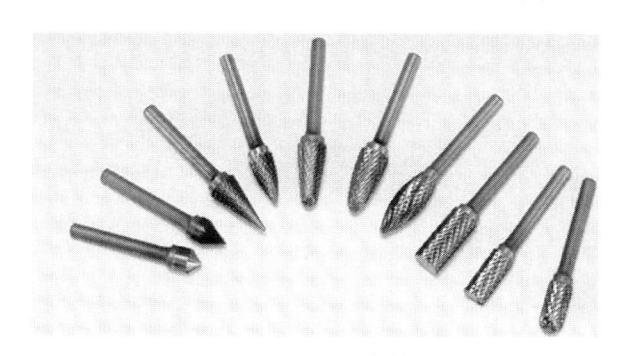

圖5-1-12　硬質合轉銼刀

3.銼刀的編號

根據 GB/T5809—2003 規定，銼刀編號的組成順序為：類別代號—形式代號—規格—銼紋號。

其中類別代號：Q——普通銼刀；Y——異形銼刀；Z——整形銼刀。形式代號：01——齊頭扁銼；02——尖頭扁銼；03——半圓銼；04——三角銼；05——方銼；06——圓銼。

4.銼刀的合理選擇與使用

正確選擇銼刀對保證加工品質、提高工作效率和延長銼刀使用壽命有很大的影響。一般根據工件形狀和加工面的大小選擇銼刀的形狀和規格，根據加工材料的塑性、加工餘量、尺寸精度和表面粗糙度的要求選擇銼刀的粗細。粗齒銼刀的齒距大，不易堵塞，適宜於粗加工（即加工餘量大、精度等級和表面品質要求低）銅、鋁等軟金屬的銼削；細齒銼刀適宜於鋼、鑄鐵以及表面品質要求較高的工件的銼削；油光銼刀只用來修光已加工表面。銼刀愈細，銼出的工件表面愈光滑，但生產效率愈低。選用原則概括起來主要有以下幾點：

（1）選擇銼齒的粗細：根據工件的加工餘量、精度、表面粗糙度和材質決定。材質軟，選粗齒的銼刀；反之，選較細齒的銼刀。

（2）選擇銼刀的截面形狀：根據工件表面的形狀選擇銼刀的形狀。

（3）選擇單、雙齒紋：一般銼削有色金屬時，應選用單齒紋或粗齒銼刀;銼削鋼鐵時，應選用雙齒紋銼刀。

（4）選擇銼刀的規格:根據加工表面的大小及加工餘量的大小來決定。

5.銼刀手柄的拆裝

鉗工裝、拆銼刀手柄的過程如圖 5-1-13 所示。

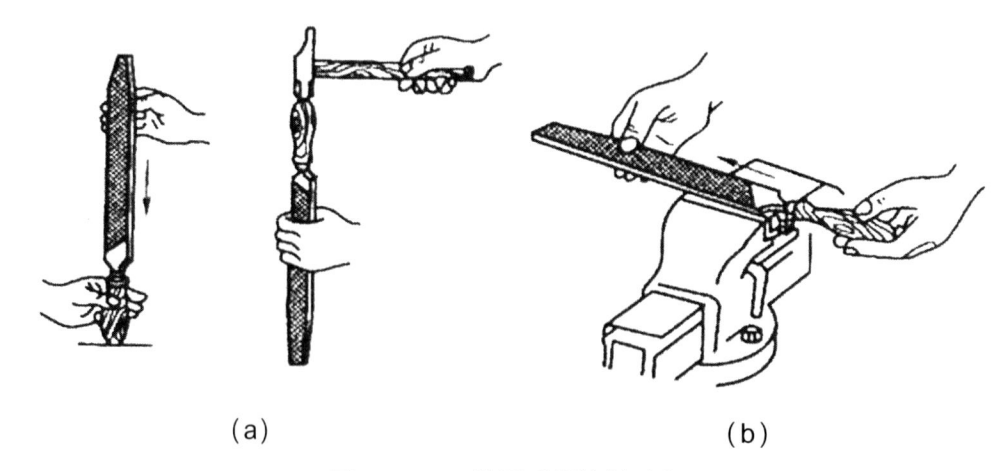

(a)　　　　　　　　　　(b)

圖 5-1-13　銼刀手柄的裝拆

6.銼刀的正確使用和保養

（1）為防止銼刀過快磨損，不要用銼刀銼削毛坯件的硬皮或工件的淬硬表面，應先用其他工具或銼削端、邊齒加工。

（2）銼削時，應先用銼刀的同一面，待這個面用鈍後再用另一面，因為使用過的銼齒易銹蝕。

（3）銼削時，要充分使用銼刀的有效工作面，避免局部磨損。

（4）不能用銼刀作為拆裝、敲擊和撬物的工具，防止因銼刀材質較脆而折斷。用整形銼刀和小銼刀時，用力不能太大，防止銼刀折斷。

（5）銼刀要防水、防油，因為沾水後的銼刀易生銹、沾油後的銼刀在工作時易打滑。

（6）銼削過程中，若發現銼紋上嵌有切屑，要及時將其去除，以免切屑刮傷加工面。銼刀用完後，要用鋼絲刷或銅片順著銼紋刷掉殘留的切屑，以防生銹。千萬不可用嘴吹切屑，以防切屑飛入眼睛。

（7）放置銼刀時，要避免與硬物相碰，避免銼刀與銼刀重疊堆放，防止損壞銼齒。

三、銼削的技能要素

1.銼刀的握法

銼刀的握法隨銼刀規格和使用場合的不同而有所區別，正確握持銼刀有助於提高銼削品質。

（1）大銼刀的握法：右手心抵著銼刀木質的端頭，大拇指放在銼刀的木柄的上面，其餘四指彎在木柄的下面，配合大拇指捏住銼刀木柄；左手則根據銼刀的大小和用力的輕重，可有多種姿勢，如圖 5-1-14 所示。

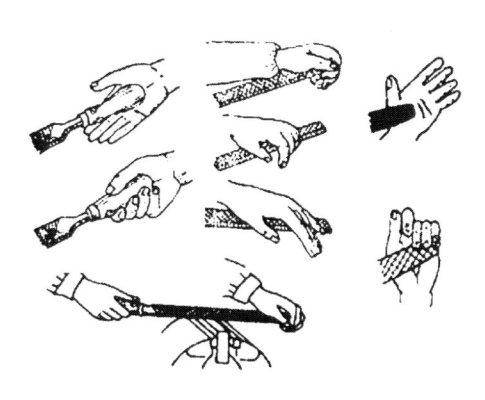

圖 5-1-14　大銼刀的握法

（2）中銼刀的握法：右手握法和大銼刀的握法大致相同，左手用大拇指和食指捏住銼刀的前端，如圖 5-1-15 所示。

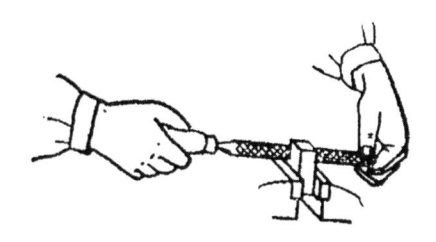

圖 5-1-15　中銼刀的握法

（3）小銼刀的握法：右手食指伸直，拇指放在銼刀木柄的上面，食指靠在銼刀的刀邊，左手幾個手指壓在銼刀的中部，如圖 5-1-16 所示。

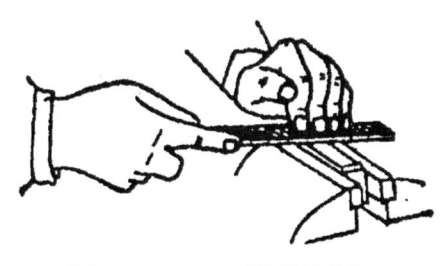

圖 5-1-16　小銼刀的握法

（4）整形銼刀（什錦銼刀）的握法：一般只用右手拿著銼刀，食指放在銼刀的上面，拇指放在銼刀的左側，如圖 5-1-17 所示。

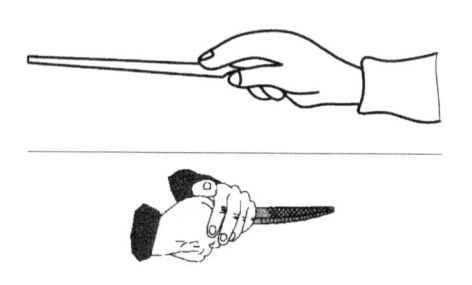

圖 5-1-17　整形銼刀的握法

2.工件的裝夾（圖 5-1-18）

工件的裝夾是否正確，直接影響銼削品質的好壞。工件裝夾應符合下列要求：

（1）工件儘量夾持在台虎鉗鉗口寬度方向的中間，銼削面靠近鉗口，以防止銼削時產生震動。

（2）裝夾要穩固，但用力不可太大，以防工件變形。

（3）裝夾已加工表面和精密工件時，應在台虎鉗鉗口裝上紫銅皮或鋁皮等軟的襯墊，以防夾壞表面。

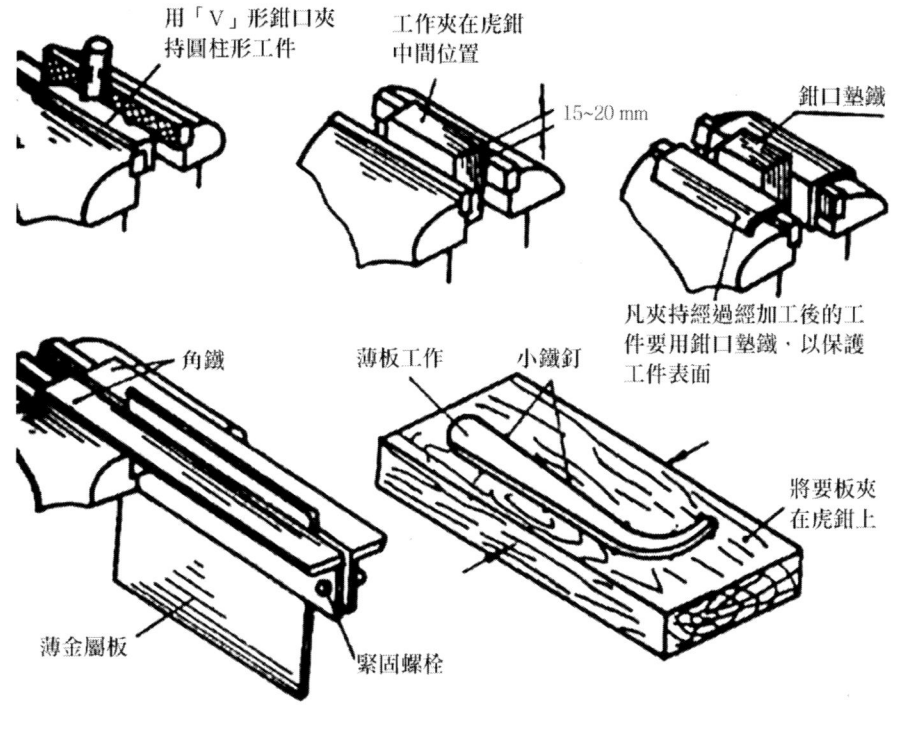

圖5-1-18　工件裝夾

3.銼削姿勢

　　正確的銼削姿勢能夠減輕疲勞，提高銼削品質與效率。人的站立姿勢為：兩腳立正面對虎鉗，與台虎鉗的距離是胳膊的上下臂垂直、端平銼刀、銼刀尖部能搭放在工件上；然後邁出左腳，右腳尖到左腳跟的距離約等於銼刀長度，左腳與台虎鉗中線呈約 30°角，右腳落在中線上；兩腳要始終站穩不動，靠左腳的屈伸做往復運動，保持銼刀的平直運動；推進銼刀時，兩手銼刀上的壓力要保持銼刀平穩，不要上下擺動。銼削時要有目標，不能盲目地銼，銼削過程中要勤用量具或卡板檢查銼削表面。

　　如圖 5-1-19 所示，開始銼削時身體向前傾斜約 10°，左肘彎曲，右肘向後；銼刀推至 1/3 行程時身體向前約 15°，使左腿稍彎曲，左肘稍直，右臂前推；銼刀推至 2/3 行程時，身體逐漸傾斜到 18°左右，使左腿繼續彎曲，左肘漸直，右臂向前推進；銼刀將至滿行程時，身體隨著銼刀的反推作用退回到約 15°的位置；終止時，把銼刀略抬高，使身體和銼刀退回到開始時的姿勢，完成一次銼削動作；如此反復繼續銼削。銼削時，靠左膝的屈伸使身體做往復運動，手臂和身體的運動要相互配合，並要充分利用銼刀的有效全長。

圖 5-1-19　銼削全過程

銼削時銼刀的平直運動是銼削的關鍵。銼削的力有水準推力和垂直壓力兩種。

水準推力主要由右手控制，其大小必須大於銼削阻力才能銼去切屑；垂直壓力是由兩只手控制的，其作用是使銼齒深入金屬表面，如圖 5-1-20 所示。

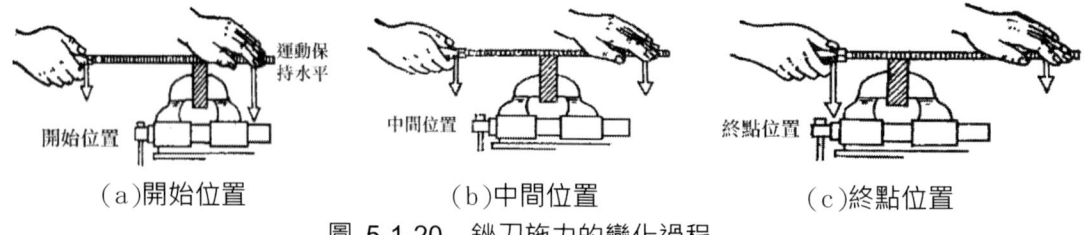

(a)開始位置　　　　　(b)中間位置　　　　　(c)終點位置

圖 5-1-20　銼刀施力的變化過程

由於銼刀兩端伸出工件的長度隨時都在變化，因此兩手壓力大小必須隨時變化，使兩手的壓力對工件的力矩相等，這是保證銼刀平直運動的關鍵。銼刀運動不平直，工件中間就會凸起或產生鼓形面。

銼削速度一般為每分鐘 30～60 次。太快，操作者容易疲勞，且銼齒易磨鈍；太慢，則切削效率低。

銼削口訣歌：

左腿彎曲右腿蹬，身體微微向前傾。

加壓推銼平又穩，身臂回銼同步行。

回程收銼莫用力，側查銼面同修正。

銼削要領掌握好，再銼如述反復行。

四、平面的銼削

1.平面銼削的方法

平面銼削是最基本的銼削，常用三種方式銼削，如圖 5-1-21 所示。

(a)順向銼　　　　(b)交叉銼　　　　(c)推銼

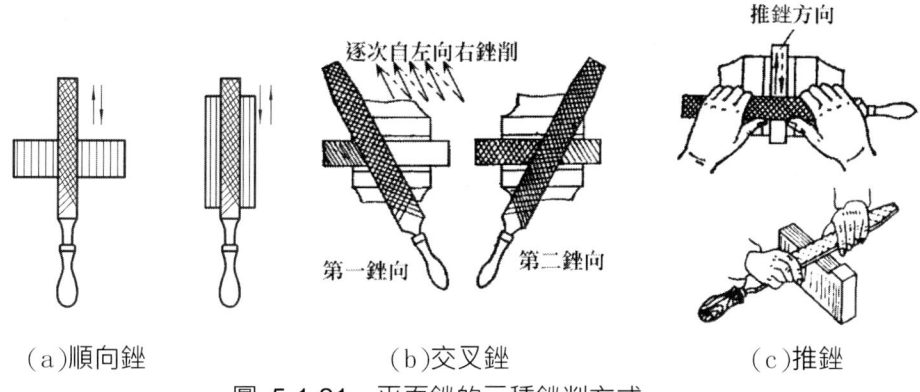

圖 5-1-21　平面銼的三種銼削方式

（1）順向銼法。銼刀沿著工件表面橫向或縱向移動，銼削平面可得到整齊一致的銼痕，比較美觀；適用於工件銼光、銼平或銼順銼紋。

（2）交叉銼法。是以互相交叉的兩個方向順序對工件進行銼削的方法。由於銼痕是交叉的，容易判斷銼削表面是否不平，因此也容易把表面銼平。交叉銼法去屑較快，適用於平面粗銼。

（3）推銼法。是兩手對稱地握著銼刀，用兩大拇指推銼刀進行銼削的方法。這種方式適用於較窄表面而且在銼平、加工餘量較小的情況下，可修正和減小表面粗糙度。

2.銼刀在平面上移動的方法

銼削比較寬大的平面時，銼刀要逐漸平移，具體方法如圖 5-1-22 所示。

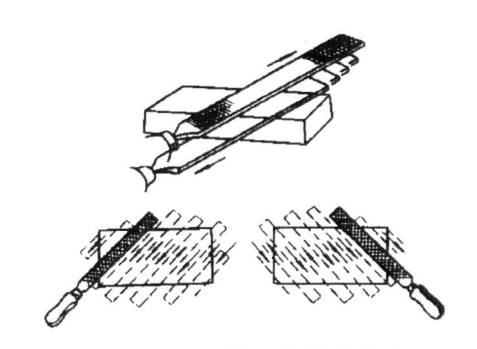

圖 5-1-22　銼刀的移動方法

3.銼削平面品質的檢查

檢查平面的直線度和平面度：用鋼尺和刀口尺以透光法來檢查，要多檢查幾個部位，還應進行對角線檢查，如圖 5-1-23 所示用刀口形直尺檢查、圖 5-1-24 所示用塞尺檢查。注意觀察刃口與加工面之間的透光情況，如果透光微弱而均勻，說明該方向是直的；如果透光強弱不一，說明該方向是不直的，記住不直的部位，便於進行修正銼削。

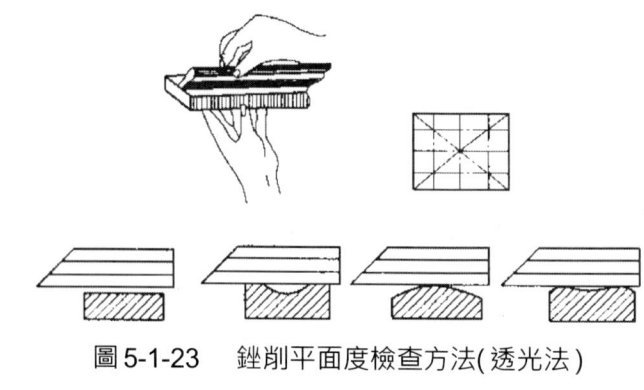

圖 5-1-23　銼削平面度檢查方法(透光法)

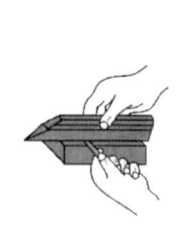

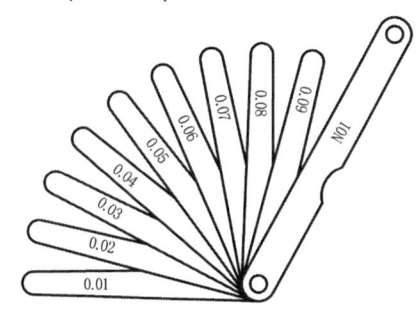

圖 5-1-24　用塞尺測量平面度誤差值

五、垂直面的銼削

（1）先需銼削好長方體的一個基準面（一般是較大的表面），達到平面度要求後，再結合劃線，依次進行相鄰表面銼削加工，並隨時做好直角尺檢查。

（2）檢查垂直度：用直角尺採用透光法檢查。檢查前，先將工件的銳邊倒棱，再將直角尺座基面貼緊工件基準面，然後從上到下輕輕移動，使直角尺刀口與被測量表面接觸，根據透光情況對其表面進行檢查，檢查時，直角尺不可傾斜，否則，測量會不準確，同時，在同一平面上測量不同的位置時，直角尺不可拖動，以免造成直角尺磨損。如圖 5-1-25 所示。

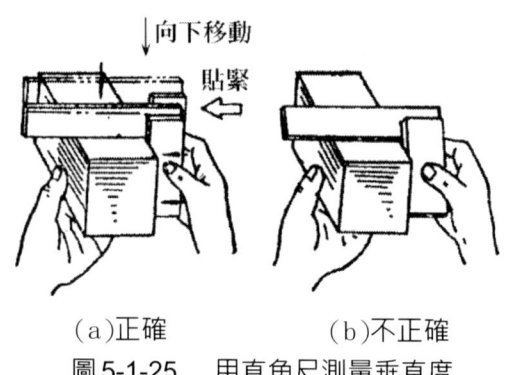

(a)正確　　(b)不正確
圖 5-1-25　用直角尺測量垂直度

六、平行面的銼削

（1）加工出一組合格的垂直面後，就可以粗、精加工基準面的對面，可先用劃線高度尺劃線，先粗加工，預留 0.15mm 左右的精加工餘量，再用細齒銼刀加工至尺寸公差要求。銼削加工時注意基準面的保護，最好墊上軟鉗口，以免基準面精度下降影響後續表面的加工品質。

（2）檢查尺寸。銼削加工的同時，根據尺寸精度要求不同分別用鋼尺、遊標卡尺或者千分尺在不同的位置上多測量幾次。如圖 5-1-26、圖 5-1-27 所示。

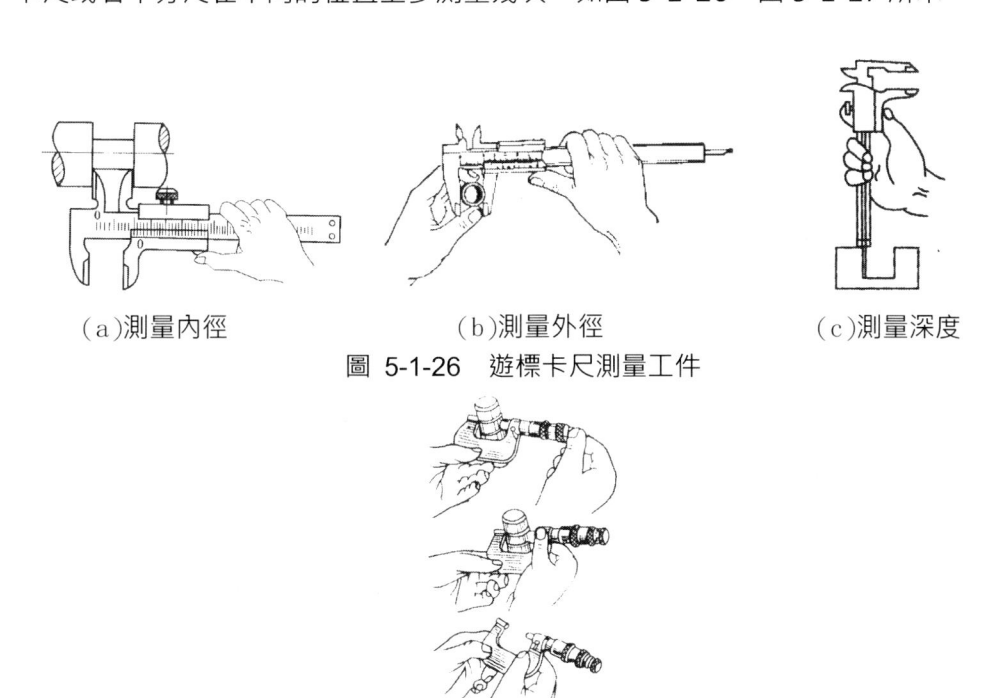

(a)測量內徑　　(b)測量外徑　　(c)測量深度

圖 5-1-26　遊標卡尺測量工件

圖 5-1-27　千分尺測量工件

七、檢查表面粗糙度

一般用眼睛觀察即可，也可以用表面粗糙度樣板進行對照檢查。

八、千分尺量具的原理和用法

1.千分尺的原理

千分尺是比遊標卡尺更精密的長度測量儀器，如圖 5-1-29 所示，它的量程是 0～25mm，分度值是 0.01mm。千分尺的結構由固定的①尺架、②測砧、③測微螺杆、④固定套管、⑤微分筒、⑥測力裝置、⑦鎖緊裝置等組成。固定套管上有一

073

條水平線，這條線上、下各有一列間距為 1mm 的刻度線，上面的刻度線恰好在下面兩相鄰刻度線中間。微分筒上的刻度線是將圓周分為 50 等分的水平線，它是旋轉運動的。

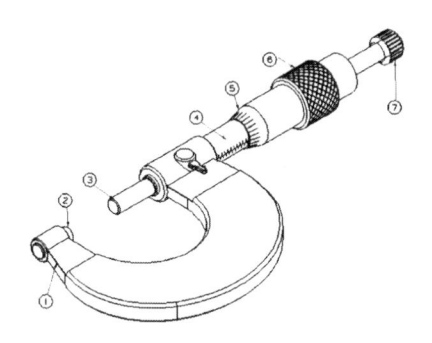

圖5-1-29　千分尺的結構

　　根據螺旋運動原理，當微分筒（又稱可動刻度筒）旋轉一周時，測量螺杆前進或後退一個螺距：0.5mm。當微分筒旋轉一個分度後，它轉過了 1/50 周，這時螺杆沿軸線移動了 1/50×0.5mm=0.01mm。因此，使用千分尺可以準確讀出 0.01mm 的數值。

　　2.千分尺的零位校準

　　使用千分尺時先要檢查其零位元是否校準，其步驟是：①鬆開鎖緊裝置，清除油污，特別是測砧與測微螺杆間接觸面要清理乾淨；②檢查微分筒的端面是否與固定套管上的零刻度線重合，若不重合，應先轉動旋鈕至螺杆要接近測砧時，再轉動測力裝置，當螺杆剛好與測砧接觸時會聽到"喀喀"聲，停止轉動看看零刻度線是否重合；③如此時兩零刻度線仍不重合，可將固定套管上的小螺釘鬆動，用專用扳手調節套管的位置，使兩零刻度線對齊，再把小螺釘擰緊即完成零位校準。不同廠家生產的千分尺的調零方法不一樣，這裡介紹的僅是其中一種調零的方法。

　　檢查千分尺零位是否校準時，要使螺杆和測砧接觸，偶爾會發生向後旋轉時測力裝置兩者不分離的情形。這時可用左手手心用力頂住尺架即測砧的左側，右手手心頂住測力裝置，再沿逆時針方向旋轉旋鈕，可以使螺杆和測砧分開。

　　校準後的千分尺，測微螺杆與測砧接觸時可動刻度尺上的零刻度線與固定刻度上的水準橫線對齊，如圖 5-1-30（a）所示。如果沒有對齊，測量時就會產生系統誤差——零誤差。如無法消除零誤差，則應在使用過程中考慮它們對讀數的影響。若可動刻度的零刻度線在水準橫線的上方，且第 x 條刻度線與橫線對齊，即說明測量時的讀數要比真實值小 x/10mm，這種零誤差稱為負零誤差，如圖 5-1-30（b）所示，它的零誤差為-0.05mm;若可動刻度的零線在水準橫線的下方，且第 y 條刻度線與橫線對齊，則說明它的讀數要比真實值大 y/100mm，這種零誤差稱為正零誤差，

正零誤差，如圖 5-1-30（c）所示，它的零誤差為+0.03mm。

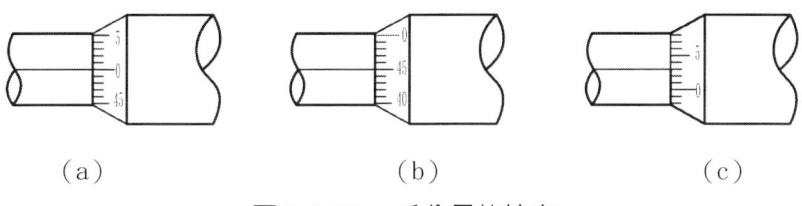

(a) (b) (c)

圖 5-1-30　千分尺的精度

對於存在零誤差的千分尺，測量結果應等於讀數減去零誤差，即：物體長度＝固定刻度數＋可動刻度數-零誤差。

3.千分尺的讀數

讀數時，先以微分筒的端面為準線，讀出固定套管下刻度線的分數值（唯讀出以毫米為單位的整數），再以固定套管上的水準橫線作為讀數準線，讀出可動刻度上的分度值，讀數時應估讀到最小刻度的 1/10，即 0.001mm。如果微分筒的端面與固定刻度的刻度線之間無上刻度線，測量結果即為下刻度線的數值加可動刻度的值；如果微分筒端面與下刻度線之間有一條上刻度線，測量結果應為下刻度值的數值加上 0.5mm，再加上可動刻度的值。如圖 5-1-31 所示，千分尺的讀數為 5.783mm 和 7.383mm。

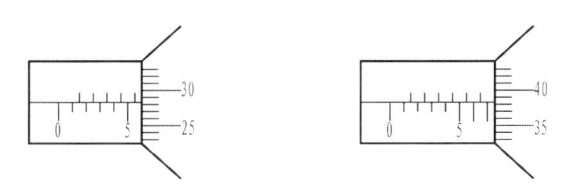

圖 5-1-31　千分尺的讀數方法

4.用千分尺的注意事項

（1）千分尺是一種精密的量具，使用時應小心謹慎、動作輕緩，不要讓它受到打擊和碰撞。千分尺內的螺紋非常精密，使用時要注意：①旋鈕和測力裝置在轉動時都不能過分用力；②當轉動旋鈕使測微螺杆靠近待測物時，一定要改用旋測力裝置，不能轉動旋鈕使螺杆壓在待測物上；③當測微螺杆與測砧已將待測物卡住或旋緊鎖緊裝置的情況下，不能強行轉動旋鈕。

（2）有些千分尺為了防止手的溫度使尺架膨脹引起微小的誤差，在尺架上裝有隔熱裝置。實驗時應手握隔熱的裝置，儘量少接觸尺架的金屬部分。

（3）使用千分尺測同一長度時，一般應反復測試幾次，取其平均值即為測量結果。

（4）千分尺用後，應用紗布擦乾淨，在測砧與螺桿之間留出一點縫隙，放入盒中。如長期不用可抹上黃油或機油，放置在乾燥的地方。注意不要讓它接觸任何腐蝕性的氣體。

任務評價

對工具的使用和銼削情況，根據表5-1-2中的要求進行評價。

表5-1-2　工具使用和銼削情況評價表

評價內容	評價標準	分值	學生自評	教師評估
準備工作	準備充分	5分		
工具的識別	正確識別工具	5分		
銼刀的使用	正確使用	10分		
刀口形直尺的使用	正確使用	10分		
直角尺的使用	正確使用	10分		
銼削尺寸(三處)	達到要求	15分		
垂直度(五處)	達到要求	10分		
平面度(五處)	達到要求	10分		
平行度(一處)	達到要求	5分		
安全文明生產	沒有違反安全操作規程	5分		
情感評價	按要求做	15分		
學習體會				

練一練

一、填空題(每題10分,共50分)

1.銼削指用銼刀對表面進行_____，使工件達到所要求的_____、_____和表面粗糙度的加工方法。

2.銼刀是由_____、銼刀邊、_____、手柄等部分組成。

3.普通銼刀按截面形狀不同分為_____等五種。

4.平面銼削方式有_____三種。

5.大銼刀的握法:右手心抵著銼刀柄的尾端頭,大拇指放在_____的上面,其餘四指自然握住銼刀柄。

二、判斷題(每題 10 分,共 50 分)

1.銼刀的大小以銼刀面的工作長度來表示。　　　　　　　(　　)

2.銼刀常用碳素工具鋼 T12 製成,並經熱處理淬硬到 HRC62～67。(　　)

3.材質軟,選粗齒的銼刀;反之選細齒的銼刀。　　　　　(　　)

4.銼削比較寬大的平面時,銼刀要逐漸平移。　　　　　　(　　)

5.銼刀使用後為防止生銹,應塗油保護。　　　　　　　　(　　)

任務二　銼削沖孔凸模工件上的曲面

任務目標

(1)能識別工具類型。
(2)能正確地使用工具。
(3)能正確地進行曲面銼削操作。
(4)能熟練掌握曲面銼削的基本方法。

任務分析

本任務的主要內容是用銼削工具正確地進行曲面銼削操作。曲面銼削主要是通過選擇正確的工具和合理的銼削方法對單個的內、外圓弧以及球面進行銼削,零件坯料接上個任務，尺寸為 70mm×25mm×8mm,將其加工至所需要的零件，如圖 5-2-1 所示。

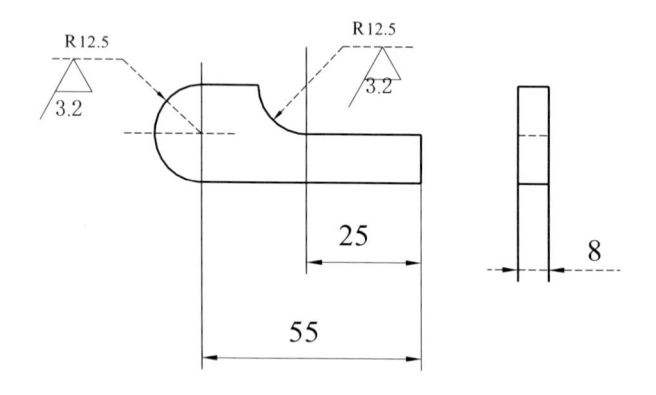

圖 5-2-1　曲面銼削工件

任務實施

一、工具、量具的準備

銼削的工具、量具準備清單見表5-2-1。

表5-2-1 工具、量具清單

序號	名稱	規格	數量
1	高度遊標卡尺	0～300 mm	1把/組
2	遊標卡尺	0～150 mm	1把/組
3	寬座角尺	100 mm×63 mm	1把/組
4	劃線平板		1把/塊
5	劃針		1個/組
6	劃規		1個/組
7	樣沖		1套/組
8	錘子		1把/組
9	擋塊("V"形鐵)		1塊/組
10	大銼刀		1把/人
11	中銼刀		1把/人
12	整形銼刀		1套/人
13	方銼刀		1把/人
14	圓銼刀		1把/人
15	半圓銼刀		1把/人
16	千分尺		1把/人
17	拋光紗布		1張/人
18	半徑規(R規)		1把/人

二、銼削的工藝步驟

1.劃線

根據工作任務，先在工件坯料（銼削平面任務的工件 70mm×25mm×8mm）正反兩面進行劃線。如圖 5-2-2 所示。

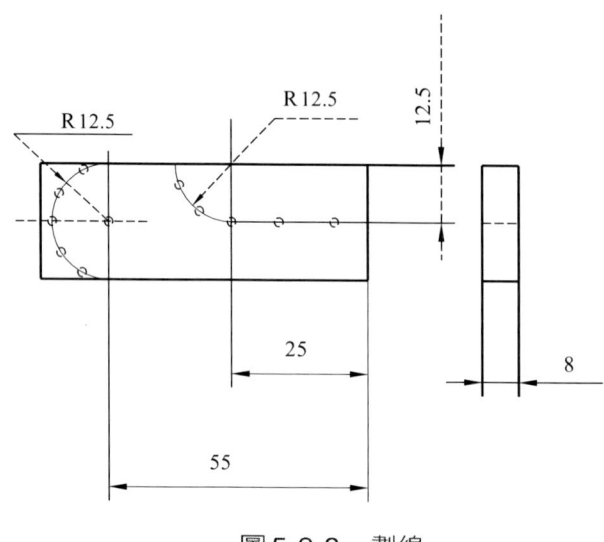

圖 5-2-2　劃線

2.鋸削

用手鋸將多餘的材料鋸斷。留餘量 0.5～1mm，如圖 5-2-3 所示。

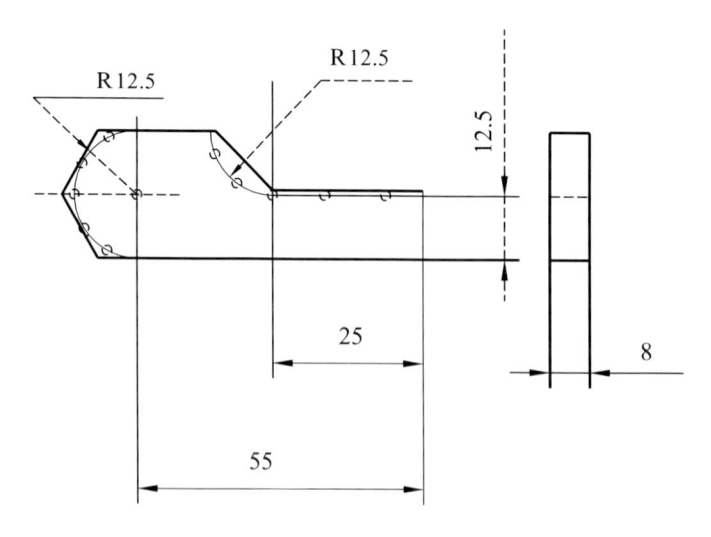

圖 5-2-3　鋸削工件

項目五 銼削工件表面

3.銼外圓弧面

用大平銼、粗齒銼先進行粗加工外圓弧面,用 R 規檢查合格後,留餘量 0.15mm,用大平銼、細齒銼進行精加工,達到要求。如圖 5-2-4 所示。

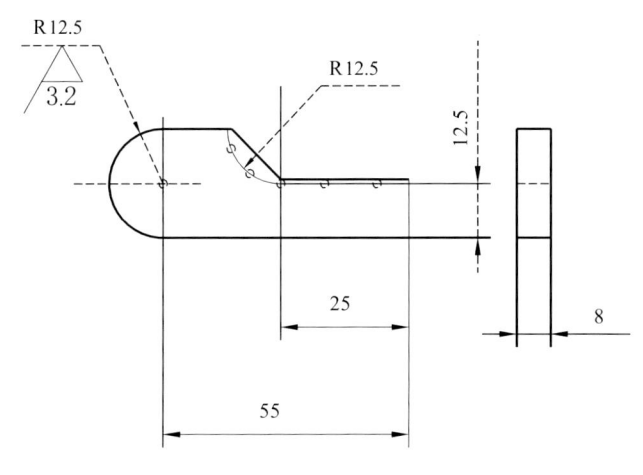

圖 5-2-4　銼外圓弧面

4.銼內圓弧面

用圓銼或半圓銼加工內圓弧,按劃線位置進行粗加工,留餘量 0.15mm 精銼,達到如圖 5-2-1 所示的要求。

5.檢查、交工件、整理鉗台

工件銳邊倒棱,去毛刺,以免傷手或出現檢查誤差。按如圖 5-2-1 所示要求,檢查後上交工件,整理鉗台,做清潔,歸還工具和量具。

做一做

上面已介紹了銼削工具的使用,銼削時如何保證品質,下面來做一做,看誰做得又好又快。如圖 5-2-5 所示。先自己評價,然後請其他同學評價,最後教師評價。

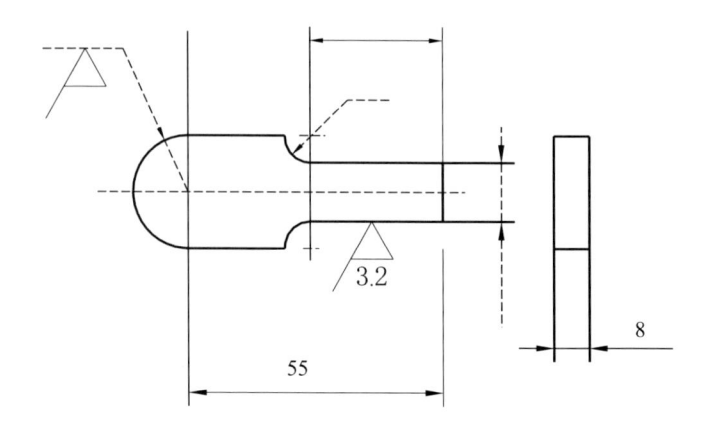

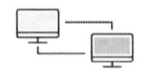

曲面由各種不同的曲線形面所組成，掌握內、外圓弧面的銼削方法和技能是掌
各種曲面銼削的基礎。

1.銼削外圓弧面的方法

銼削外圓弧面所用的銼刀均為平板銼。銼削時，銼刀要同時完成兩個運動，即
運動和繞工件圓弧中心轉動，銼削外圓弧面有兩種方法。

一種是粗銼外圓弧面時，常橫著圓弧面進行銼削。如圖 5-2-6 所示，銼削時，
做直線運動，而且不斷隨圓弧面擺動，這種方法銼削效率高，且便於按劃線均
近弧線，但只能銼成近似圓弧的多棱形面。

另一種是精銼時，常順著圓弧面進行銼削。如圖 5-2-7 所示，銼削時，銼刀向
右手下壓，左手上提，這種方法使圓弧面銼削光滑，但銼削位置不容易掌握，

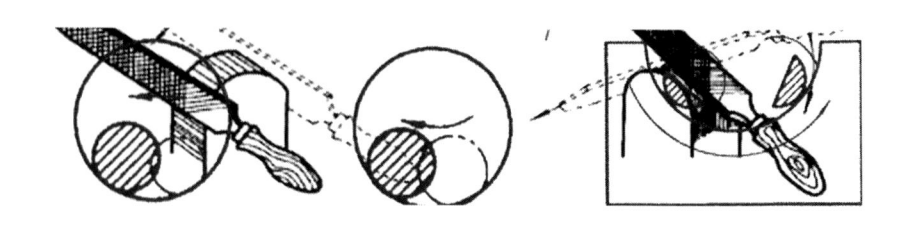

2. 銼削內圓弧面方法

銼削內圓弧面應選用圓銼刀或半圓銼刀、方銼刀等。銼削時，銼刀同時完成三個運動，一是前進運動，二是隨圓弧向左或向右移動，三是繞銼刀中心線轉動，這樣才能保證銼出的弧面光滑、準確。如圖 5-2-8 所示。

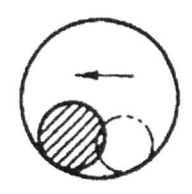

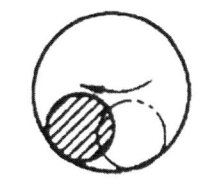

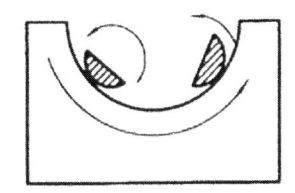

圖 5-2-8　內圓弧的銼削

3. 平面與曲面的連接方法

一般情況下，應先加工平面後加工曲面，以便於使曲面與平面連接，如果先加工曲面而後加工平面，則在加工平面時，由於銼刀側面沒有依靠容易產生移動，使加工好的曲面損傷，同時連接處也不容易銼圓滑或使圓弧不能與平面相切。如圖 5-2-9 所示。

圖 5-2-9　平面與曲面連接銼削

4. 軸面形體線輪廓的檢查方法

在進行曲面銼削時，可以用曲面樣板通過塞尺或透光法進行檢查。半徑規又稱為 R 樣規、R 規，如圖 5-2-10 所示。它一半測量外圓弧，另一半是測量內圓弧，是由薄鋼板製成，葉片具有很高的精度。

鉗工一般所用 R 規規格是 1～6.5mm、7～14.5mm、15～25mm 幾種。特殊規格可根據需要專門生產。

R 規是利用光隙法測量圓弧半徑的工具，測量時必須使 R 規的測量面與工件的圓弧完全緊密的接觸，當測量面與工件的圓弧中間沒有間隙時，工件的圓弧度數則為此時相應的 R 規上所表示的數字，由於是目測，故準確度不是很高，只能作為定性測量。

如圖 5-2-11 所示。

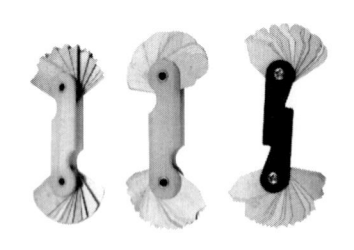

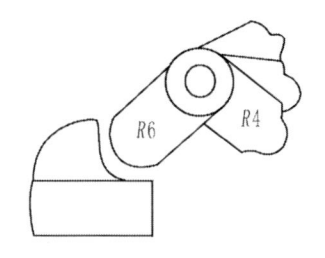

圖5-2-10　R規　　　　　　　　　圖5-2-11　測量方法

5.球面的銼削方法

　　銼削球面時，銼刀要以縱向和橫向兩種外圓弧銼削方法（順著圓弧面銼和橫著圓弧面銼）結合進行，才能銼削出所需要的表面，如圖5-2-12所示。

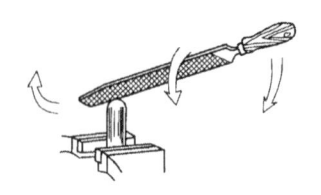

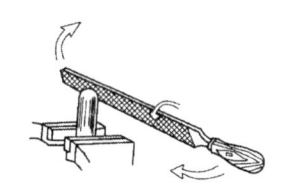

圖5-2-12　球面的銼法

二、銼削品質分析和安全文明生產

1.銼削品質分析

銼削時產生廢品的形式、原因及預防方法見表5-2-3。

表5-2-3　銼削品質分析

廢品形式	原因	預防方法
工件夾壞	(1)夾緊鉗口太硬 (2)夾緊力過大 (3)未使用輔助工具夾持	(1)夾緊加工工件時應用軟鉗口 (2)夾緊力要恰當，夾薄壁管最好用弧形木墊 (3)對薄而大的工件要使用輔助工具夾持
平面中凸	(1)銼削時銼刀搖擺 (2)銼刀面呈凹形	(1)加強銼削技術的訓練 (2)更換銼刀
工件尺寸太小	(1)劃線不正確 (2)銼刀銼出加工界線	(1)按圖樣尺寸正確劃線 (2)銼削時要經常測量，對每次銼削量要心中有數
表面不光潔	(1)銼刀粗細選用不當 (2)銼屑嵌在銼刀縫中未及時清除	(1)合理選用銼刀 (2)經常清除銼屑
不應銼削的部分被銼掉	(1)銼削垂直面時未選用光邊銼刀 (2)銼刀打滑銼傷鄰近表面	(1)應選用光邊銼刀 (2)注意消除油污等引起打滑的因素

2.銼削安全文明生產

銼削中應注意以下安全問題：

（1）不使用無柄或裂柄銼刀銼削工件，銼刀柄應裝緊，以防手柄脫出後，銼舌把手刺傷。

（2）銼工件時，不可用嘴吹鐵屑，以防鐵屑飛入眼內；也不可以用手去清除鐵屑，應用刷子掃除。

（3）放置銼刀時，不能將其一端（或者手柄）露出鉗台外面，以防銼刀跌落而把腳紮傷。

（4）銼削時，不可用手摸被銼過的工件表面，因手有油污會使銼削時銼刀打滑而造成事故。

（5）對鑄件上有硬皮或粘砂、鍛件上有飛邊或毛刺等情況，應先用砂輪磨去，然後銼削。

（6）新銼刀先要用一面，用鈍後再使用另一面。

（7）銼刀不能用作撬棒或敲擊工件，防止銼刀折斷傷人。

（8）銼刀是右手工具，應放在台虎鉗右邊，不能把銼刀與銼刀疊放或銼刀與量具疊放。

（9）銼刀不可以沾油和水。

（10）銼削時，銼刀手柄不可以撞擊工件，以免脫柄造成事故。

（11）銼削時，鐵屑嵌入齒縫內，須及時用鋼絲刷沿銼刀刀齒紋路進行清除，銼刀使用完畢也須將鐵屑清除乾淨。

任務評價

對工具的使用和銼削情況，根據表5-2-2中的要求進行評價。

表5-2-2 工具使用和銼削情況評價表

評價內容	評價標準	分值	學生自評	教師評估
準備工作	準備充分	5分		
工具的識別	正確識別工具	5分		
銼刀的使用	正確使用	15分		
R規的使用	正確使用	15分		
銼削尺寸(三處)	達到要求	15分		
圓弧(三處)	達到要求	25分		

續表

評價內容	評價標準	分值	學生自評	教師評估
安全文明生產	沒有違反安全操作規程	5分		
情感評價	按要求做	15分		
學習體會				

練一練

一、填空題(每題10分,共50分)

  1.銼削外圓弧面所用的銼刀為_____,銼削內圓弧面應選用_____方銼等。

  2.在進行曲面銼削時,可以用_____通過塞尺或_____進行檢查。

  3.銼削平面時,工件平面易產生中凸的現象是_____和_____原因。

  4.檢查工件表面的垂直度是用_____採用透光法或_____檢查。

  5.銼削工件的平行面的檢查是根據_____要求不同,分別用鋼尺、遊標卡尺或者千分尺來測量。

二、判斷題(每題10分,共50分)

  1.銼削內、外圓弧面時,銼刀要同時完成兩個運動。   (　　)

  2.銼平面與曲面連接時,一般情況下應先加工平面後加工曲面,以便於使曲面與平面的光滑連接。 (　　)

  3.銼削時,不可用手摸被銼過的工件表面。 (　　)

  4.銼削時鐵屑嵌入齒縫內,須及時用鋼絲刷沿銼刀刀齒紋路進行清除。 (　　)

  5.鉗工加工的工件、交工件時銳邊必須倒棱,去毛刺。 (　　)

零件孔加工，可由車、鏜、銑等機床完成，也可由鉗工利用鑽〔床〕和鑽孔工具（鑽頭、擴孔鑽、鉸刀等）完成。鉗工加工孔的方法一般指鑽孔、擴孔、鍃孔和鉸孔。

鑽削加工在鉗工加工中具有極其重要的作用，它是鉗工加工的一個難點和重點，在鉗工模具製造中具有不可替代的地位。本項目〔主〕要學習怎樣操作鑽削加工，如下圖所示。

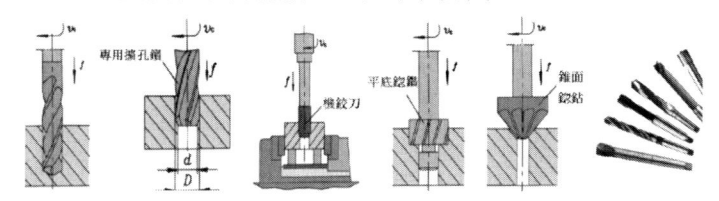

孔加工

知識目標	(3)能根據不同材料和加工要求正確選用鑽床 鑽頭 鉸刀
技能目標	(2)能正確刃磨麻花鑽
情感目標	(3)能重視操作規範 培養安全意識

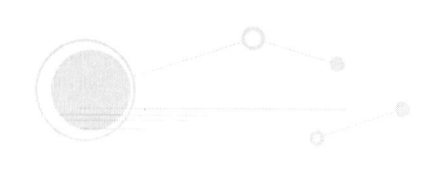

任務目標

(1)能根據鑽孔要求,正確選擇各種鑽孔設備。
(2)學會刃磨麻花鑽。

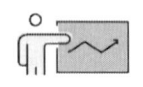

任務分析

本任務主要是用麻花鑽在實體材料上加工出孔(即鑽孔)。如圖 6-1-1 所示,預計要 2 個課時完成。

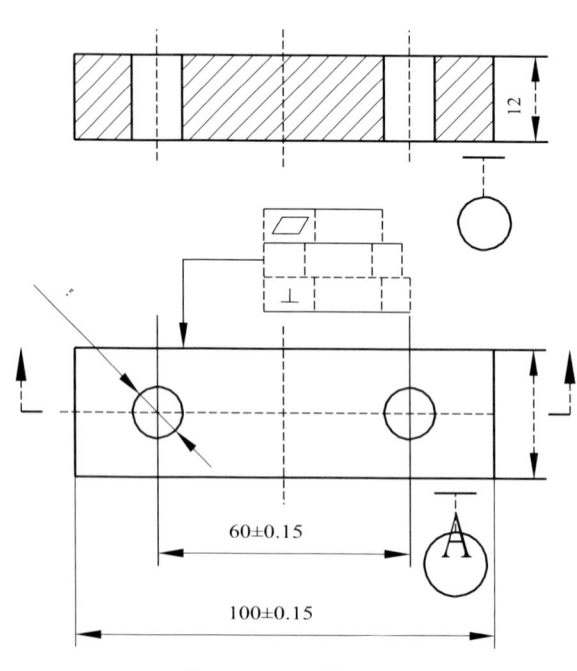

圖 6-1-1　鑽孔

在鑽床上鑽孔時，一般情況下，鑽頭應同時完成兩個運動。主運動:將切屑切下所需要的基本運動，即鑽頭繞軸線的旋轉運動（切削運動）；進給運動:使被切削金屬材料繼續投入切削的運動，即鑽頭沿著軸線方向對著工件的直線運動。由於鑽頭結構上存在的缺陷，影響加工品質，鑽孔的加工精度一般在 IT10 級以下，表面粗糙度 Ra 為 12.5μm 左右，屬粗加工。鑽孔麻花鑽及其功能如圖 6-1-2 所示。

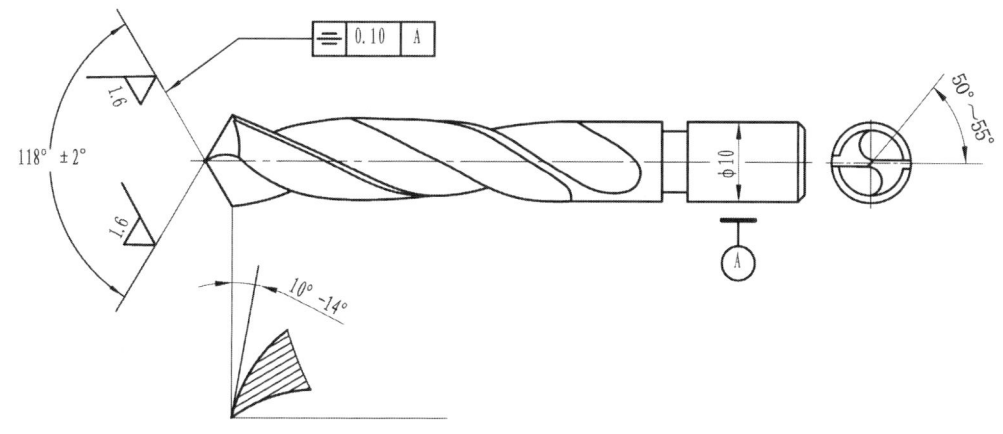

圖 6-1-2　麻花鑽及其功能

任務實施

一、工具、量具的準備

鉗口鐵的鑽孔工具、量具準備清單見表 6-1-1。

表 6-1-1　工具、量具準備清單

序號	名稱	規格	數量
1	高度遊標卡尺	0～300 mm	1把/組
2	遊標卡尺	1～125 mm	1把/組
3	千分尺	0～25 mm	1把/組
4	樣沖		1支/組
5	錘子	0.5 kg	1把/組
6	寬座角尺	100 mm×63 mm	1把/組
7	劃線平板	70 mm×70 mm	1個/組
8	劃針		1支/組
9	劃規		1支/組
10	擋塊（"V"形鐵）		1個/組
11	大銼刀	300 mm	1把/人

鉗工基本技能

續表

序號	名稱	規格	數量
12	中銼刀	200 mm	1把/人
13	砂布		1張/人
14	手鋸		1把/人
15	鋸條	300mm	2根/人
16	麻花鑽	ϕ5.8 mm	1支/組
17	麻花鑽	ϕ12 mm	1支/組

二、鉗口鐵的鑽孔工藝

根據工作任務，在鉗口鐵上鑽孔的具體加工工藝過程見表6-1-2。

表6-1-2　鉗口鐵的鑽孔工藝

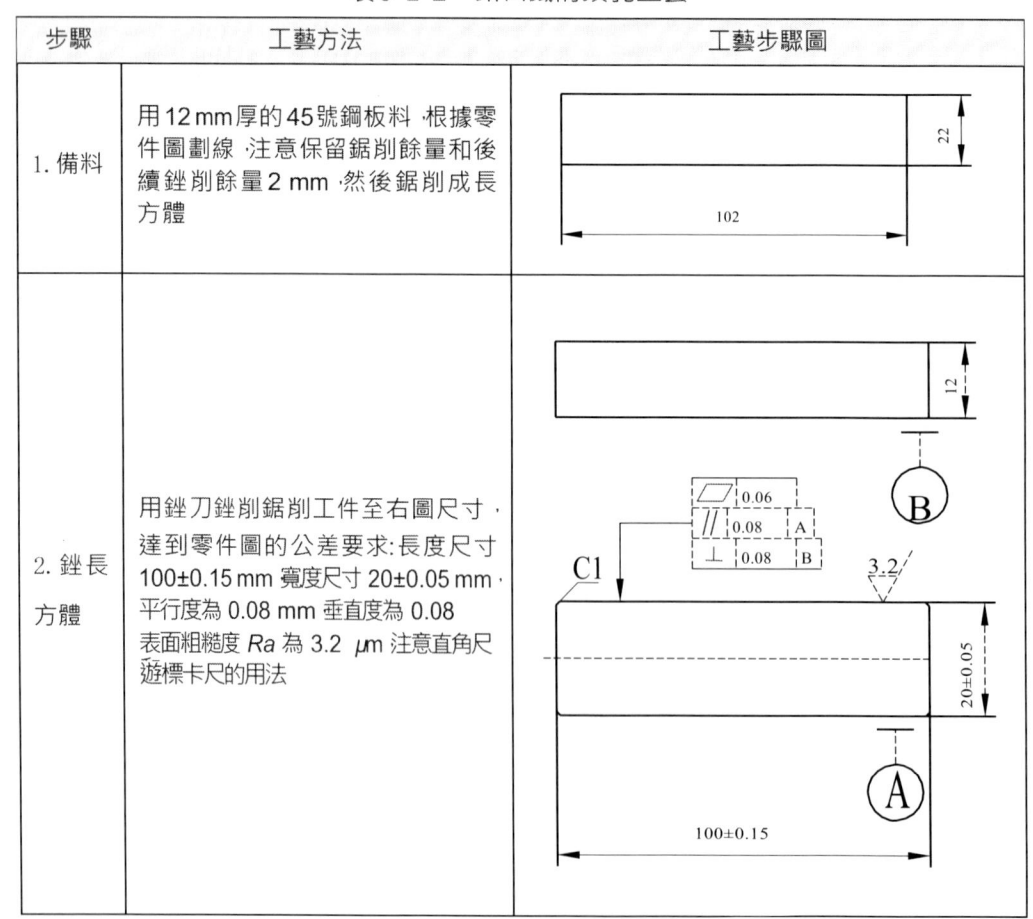

步驟	工藝方法	工藝步驟圖
1. 備料	用12mm厚的45號鋼板料，根據零件圖劃線，注意保留鋸削餘量和後續銼削餘量2 mm，然後鋸削成長方體	(22 × 102)
2. 銼長方體	用銼刀銼削鋸削工件至右圖尺寸，達到零件圖的公差要求：長度尺寸100±0.15 mm 寬度尺寸20±0.05 mm 平行度為0.08 mm 垂直度為0.08 表面粗糙度 Ra 為 3.2 μm 注意直角尺遊標卡尺的用法	(12厚，100±0.15 × 20±0.05，平行度0.08 A，垂直度0.08 B，Ra 3.2，C1)

工藝方法	工藝步驟圖
3.劃線　在劃線平台上用高度遊標卡尺劃　　　　表面進行加工	A-A（尺寸：12、60±0.15、100±0.15）
4.鑽孔　根據劃線位置，在平口鉗上裝夾工件，注意要裝夾平衡，用刀口角尺檢查後，在台鑽上用 ϕ5.8 mm 麻花鑽鑽孔，鑽孔時，先用麻花鑽點鑽，鑽削加工	A-A（尺寸：60±0.15、100±0.15）

做一做

　　上面已介紹了鉗口鐵加工工藝，備料、銼削、劃線、鑽孔時如何保證品質，面來做一做，看誰做得又好又快。

　　每位同學用一塊鋼板，按圖樣加工出零件，如圖 6-1-1 所示。先自己評價，後請其他同學評價，最後教師評價。

相關知識

一、麻花鑽

1. 麻花鑽的結構

麻花鑽由柄部、頸部、工作部分組成,如圖6-1-3所示。

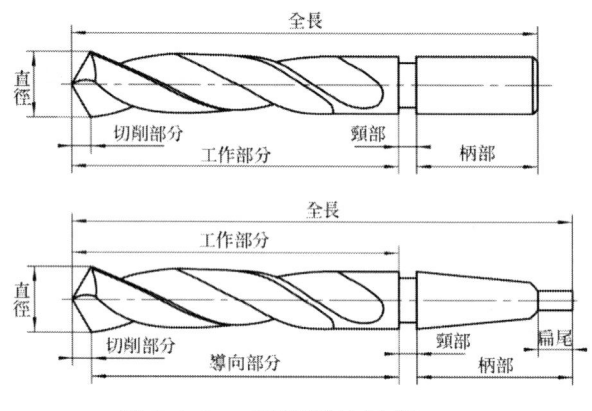

圖6-1-3　麻花鑽的結構

鑽頭大於6～8mm時,工作部分用高速鋼焊接、淬硬,柄部用45號鋼製造。

（1）柄部（鑽頭的夾持部分,含扁尾）。

①作用：傳遞扭矩和軸向力,使鑽頭的軸心線保持正確的位置。扁尾的作用是防止錐柄在錐孔內打滑,增加傳遞的扭矩,便於鑽頭從主軸孔中或鑽套中退出。

②種類。直柄：只能用鑽夾頭夾持,傳遞扭矩小。直徑小於13mm。錐柄：可以傳遞較大的扭矩。

（2）頸部。作用：在磨削鑽頭時供砂輪退刀用,還可以刻印鑽頭的規格、商標和材料。

（3）工作部分（含導向部分）。

①組成：由切削部分和導向部分組成。

②作用：切削部分承擔主要的切削工作。導向部分在鑽孔時起引導鑽削方向和修光孔壁的作用,同時也是切削部分的備用段。

③切削部分的六面、五刃,如圖6-1-4所示。

項目六 加工孔

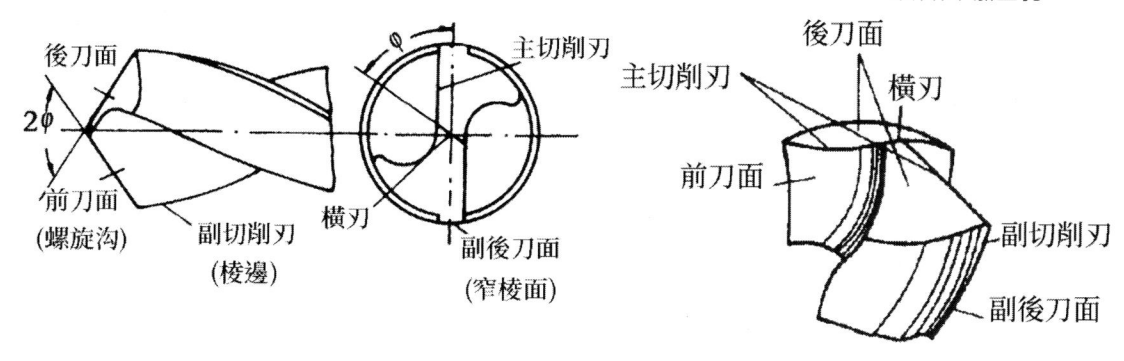

圖6-1-4 麻花鑽切削部分

第一，六面。

兩個前刀面：切削部分的兩螺旋槽表面；兩個後刀面：與工件切削表面相對的曲面；兩個副後刀面：與已加工表面相對的鑽頭兩棱邊。

第二，五刃。兩條主切削刃：兩個前刀面與兩個後刀面的交線；兩條副切削刃：兩個前刀面與

兩個副後刀面的交線；一條橫刃：兩個後刀面的交線。

④導向部分。螺旋槽：排屑、輸送冷卻液。

棱邊：減少鑽頭與孔壁的摩擦、兼導向作用。

⑤鑽心：刀瓣中間的實心部分，保證強度和剛度。

2.麻花鑽的輔助平面和切削角度

（1）輔助平面（圖 6-1-5）。為了研究麻花鑽的切削角度，我們必須和研究鏨子時一樣建立輔助平面。

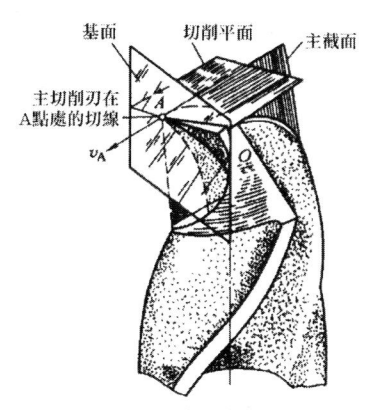

圖6-1-5 麻花鑽的輔助平面

①基面：通過切削刃上的一點並和該點切削速度方向垂直的平面（鑽頭主切削刃上各點的基面過圓心）。

②切削平面：通過主切削刃上點並與工件加工表面相切的平面。

③主截面：通過主切削刃上點並同時和基面、切削平面垂直的平面。

（2）切削角度（圖6-1-6）。

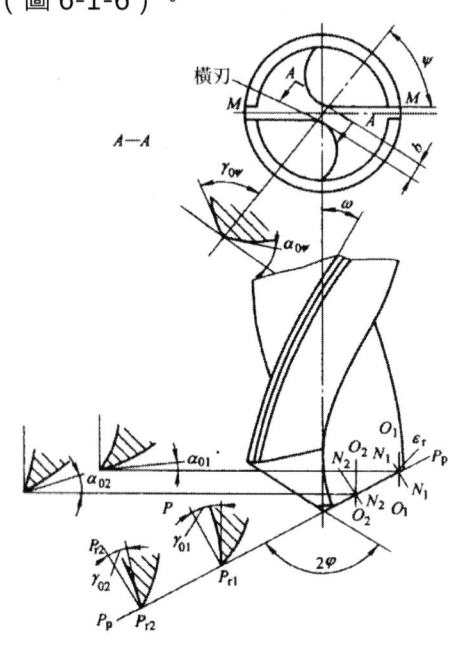

圖6-1-6 麻花鑽的切削角度

①頂角 2φ。

頂角的定義：頂角又稱峰角或頂夾角，為兩條主切削刃在其平行的平面上投影的夾角。

頂角的大小：頂角的大小根據加工的條件決定。一般 $2\varphi=118°\pm2°$。

$2\varphi=118°$時，主切削刃呈直線形；

$2\varphi<118°$時，主切削刃呈外凸形；

$2\varphi>118°$時，主切削刃呈內凹形。影響：2φ增大，軸向力增大，扭矩減小；

2φ減小，軸向力減小，扭矩增大，導致排屑困難。

②螺旋角 β(圖6-1-

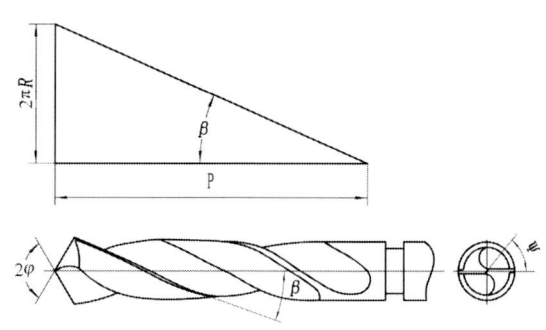

圖6-1-7　麻花鑽的螺旋角

螺旋角定義：麻花鑽的螺旋角是指主切削刃上最外緣處螺旋線的切線與鑽頭軸心線之間的夾角。螺旋角的大小：在鑽頭的不同半徑處螺旋角的大小是不等的。鑽頭外緣的螺旋角最大，越靠近鑽心，螺旋角越小。（相同的鑽頭，螺旋角越大，強度越低）

③前角γ。

前角的定義：主切削刃上任意一點的前角，是指在主截面 N-N 中，前刀面與基面的夾角。

前角的大小：主切削刃上各點的前角不等。外緣處的前角最大，一般為 30°左右，自外緣向中心處前角逐漸減小。約在中心 d/3 範圍內為負值，接近橫刃處前角為-30°，橫刃處為-54°～-60°。（前角越大，切削越省力）

④後角α0。後角的定義：鑽頭切削刃上某一點的後角是指在圓柱截面內的切線與切平面之間的夾角。

後角的大小：主切削刃上各點的後角不相等。刃磨時，應使外緣處後角較小。

（α0=8°～14°），越靠近鑽心後角越大（α0=20°～26°），橫刃處α0=30°～36°（後角的大小影響著後刀面與工件切削表面的摩擦程度。後角越小，摩擦越嚴重，但切削刃強度越高）。

⑤橫刃斜角φ。橫刃斜角：在垂直與鑽頭軸線的端面投影中，橫刃與主切削刃之間的夾角。橫刃斜角的大小：標準麻花鑽φ=50°～55°。橫刃斜角的大小與靠近鑽心處的後角的大小有著直接關係，近鑽心處的後角磨得越大，則橫刃斜角就越小。反過來說，如果橫刃斜角磨得準確，則近鑽心處的後角也是準確的。

⑥副後角α。

副後角的定義：副後刀面與孔壁之間的夾角。副後角的大小：標準麻花鑽的副後角為 0°。

⑦橫刃長度 b。橫刃的長度不能太長也不能太短。太長會增加鑽削時的軸向阻力。太短會降低鑽頭的強度。

標準麻花鑽的橫刃長度 b=0.18d。

⑧鑽心厚度 d。鑽心厚度：鑽心厚度是指鑽頭的中心厚度。

鑽心厚度的大小：鑽心厚度過大時，自然增大橫刃長度 b，而厚度太小又削弱了鑽頭的剛度。為此，鑽頭的鑽心做成錐形，即由切削部分逐漸向柄部增厚。（標準麻花鑽的鑽心厚度為：切削部分 d1=0.125d,柄部 d2=0.2d）

3.麻花鑽的刃磨和修磨

（1）標準麻花鑽的缺點。

①定心不良。由於橫刃較長,橫刃處存在較大的負前角,使橫刃在切削時產生擠壓和刮削狀態,由此產生較大的軸向抗力,這一軸向抗力是使鑽頭在鑽削時產生抖動引起定心不良的主要原因,並且也是引起切削熱的主要主要原因。

主切削刃上各點的前角大小不同，引起各點切削性能不同。

②棱邊較寬，副後角為零，靠近切削部分的棱邊與孔壁之間的摩擦比較嚴重，容易發熱和磨損。

③切屑寬而捲曲，造成排屑困難。

（2）麻花鑽的刃磨。

①刃磨要求（參照圖 6-1-8 所示麻花鑽刃磨過程）。

麻花鑽的頂角 2φ 應為 118°±2°，邊緣處的後角α0 為 10°～14°，橫刃斜角應為 50°～55°，兩主切削刃長度以及和鑽頭軸心線組成的兩個角要相等，兩個主後刀面要刃磨光滑。

（a）　　　　　　　　　　（b）

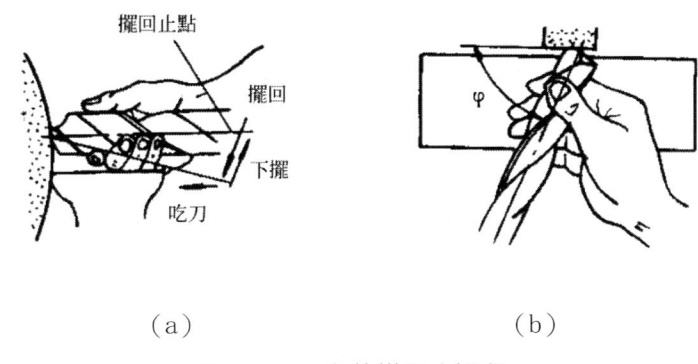

圖6-1-8　麻花鑽刃磨過程

②刃磨方法。

口訣一＂：刃口擺平輪面靠。＂口訣二：＂鑽軸斜放出鋒角。＂這裡是指鑽頭軸心線與砂輪表面之間的位置關係。

鋒角（頂角）118°±2°的一半，約為 60°。這個位置很重要，直接影響鑽頭頂角大小及主切削刃形狀和橫刃斜角。此時鑽頭在位置正確的情況下準備接觸砂輪。

口訣三："由刃向背莫後面。"這裡是指從鑽頭刃口開始沿著整個後刀面緩慢刃磨，這樣便於散熱和刃磨。鑽頭可以輕輕地接觸砂輪，進行少量的刃磨，刃磨時要觀察火花的均勻性，要及時調整壓力，並注意鑽頭的冷卻。當冷卻後重新開始刃磨時，要繼續擺成口訣一、二中的位置。

口訣四："上下擺動尾別翹。"這個動作在鑽頭刃磨過程中也很重要，往往有學生在刃磨時把"上下擺動"變成了"上下轉動"，使鑽頭的另一主刀刃被破壞。同時，鑽頭的尾部不能高於砂輪水準中心線，否則會使刃口磨鈍，無法切削。

在上述四句口訣中的動作要領基本掌握的基礎上，對鑽頭的後角也要充分注意，不能磨得過大或過小。分別用過大後角、過小後角的鑽頭在台鑽上試鑽可發現，過大後角的鑽頭在鑽削時，孔口呈三邊或五邊形，震動厲害，切削呈針狀；過小後角的鑽頭在鑽削時軸向力很大，不易切入，鑽頭發熱嚴重，無法鑽削。通過比較、觀察、反復地"少磨多看"、試鑽及對橫刃的適當修磨，就能較快地掌控麻花鑽的正確刃磨方法，較好地控制後角的大小。當試鑽時，鑽頭排屑輕快、無震動，孔徑無擴大，即可以轉入其他類型鑽頭的刃磨練習。

（3）麻花鑽的修磨（圖 6-1-9）。

①修磨橫刃：把橫刃磨短成 b=0.5～1.5mm，使其長度等於原來的 1/3。

②修磨主切削刃：在鑽頭外緣處磨出過渡刃 f=0.2d。

③修磨棱邊：在靠近主切削刃的一段棱邊上，磨出副後角α=6°～8°。

④修磨前面：減小此處的夾角，避免紮刀。

⑤修磨分屑槽：磨出幾條錯開的分屑槽，利於排屑。

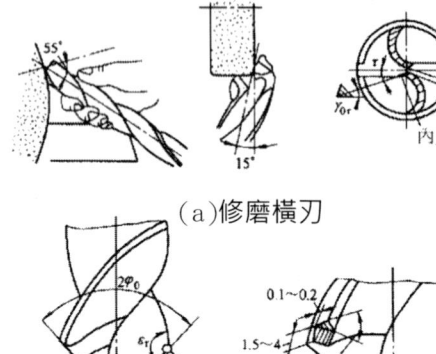

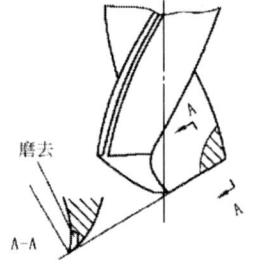

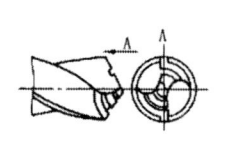

(a)修磨橫刃

(b)修磨主切削刃　　(c)修磨稜邊

(d)修磨前面　　(e)修磨分屑槽

圖6-1-9　麻花鑽的修磨

二、裝夾鑽頭的工具

1.鑽夾頭(圖 6-1-10)

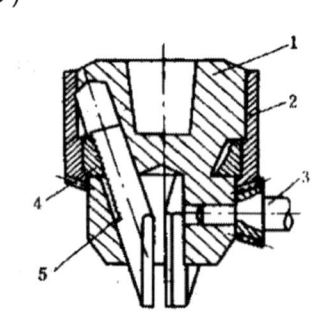

1-夾頭體；2-鑽頭套；3-鑰匙；4-環形螺母；5-卡爪

圖6-1-10　鑽夾頭

（1）作用：夾持直柄鑽頭。

（2）結構和工作原理：夾頭體 1 上端有一個錐孔，用來與相同錐度的夾頭柄緊配，鑽夾頭中裝有三個卡爪 5，用來夾緊鑽頭的直柄。當鑽頭套 2 旋轉帶動內部環形螺母 4 轉動，從而帶動三個卡爪 5 伸出或縮進，伸出時夾緊鑽頭，縮進時鬆開鑽頭。

2.鑽頭套

（1）作用：夾持錐柄鑽頭。

（2）種類：分為 1～5 號鑽頭套（鑽頭套的號數即為其內錐孔的莫氏錐度號數）。

（3）選用：根據鑽頭錐柄的莫氏錐度號數，選用相應的鑽頭套。

（4）應用：較小的鑽頭柄裝到鑽床主軸較大的錐孔內時，就要用鑽頭套來連接。當較小的鑽頭柄裝到鑽床主軸較大的錐孔內時可用幾個鑽頭套連接起來應用，但這樣裝拆比較麻煩且鑽床主軸與鑽頭軸線同軸度也較差，在這種情況下可以採用特製的鑽頭套。

3.快換鑽夾頭

（1）應用：在同一工件上鑽削不同直徑的孔。

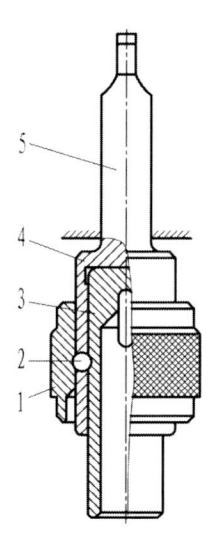

1-滑套；2-鋼球；3-快換鑽套；4-彈簧環；5-莫氏錐柄

圖6-1-11　快換鑽夾頭

夾頭體的莫氏錐柄 5 裝在鑽床的主軸孔內。快換鑽套 3 根據加工的需要備有多個，在快換鑽套 3 的外表面上有兩個凹坑，鋼球 2 嵌入凹坑時，便可以傳遞動力。滑套 1 的內孔與夾具體裝配。當需要換鑽頭時可以不停機器，只要用手握住滑套 1

向上推，兩粒鋼球 2 就會因受離心力而貼於滑套 1 的下部大孔表面。這時可以用另一隻手把快換鑽套 3 向下拉出，然後把裝有另一個鑽頭的鑽套快換插入，放下滑套 1，兩粒鋼球 2 就會被重新壓入快換鑽套的凹坑內，於是就帶動鑽頭旋轉（滑套 1 的上下滑動的位置由彈簧環 4 來限制）。

三、鑽床

常用的鑽床有臺式鑽床、立式鑽床和搖臂鑽床三種。

1.臺式鑽床

臺式鑽床簡稱台鑽，如圖 6-1-12 所示，是一種在工作臺上作業的 Z512 型鑽床，其鑽孔直徑一般在 13mm 以下。由於加工的孔徑較小，故台鑽的主軸轉速一般較高，最高可達 10000r/min，最低也在 400r/min 左右。主軸的轉速可用改變三角膠帶在帶輪上的位置來調節。台鑽的主軸進給由轉動走刀手柄實現。在進行鑽孔前，需根據工件高低調整工作臺與主軸架間的距離，並鎖緊固定。台鑽小巧靈活，使用方便，結構簡單，主要用於加工小型工件上的各種小孔。它在儀錶製造、鉗工和裝配中用得較多。

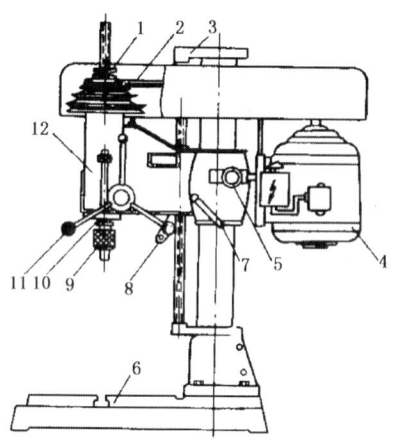

1-塔輪；2-三角膠帶；3-絲杆架；4-電動機；5-滾花螺釘；6-工作臺；
7-緊固手柄；8-升降手柄；9-鑽夾頭；10-主軸；11-走刀手柄；12-頭架
圖6-1-12　Z512型台鑽

2.立式台鑽（圖 6-1-13 和圖 6-1-14）

立式台鑽簡稱立鑽，其規格用最大鑽孔直徑表示。與台鑽相比，立鑽剛性好、功率大，因而允許鑽削較大的孔，生產率較高，加工精度也較高。立鑽適用於單件、小批量生產中加工中、小型零件。

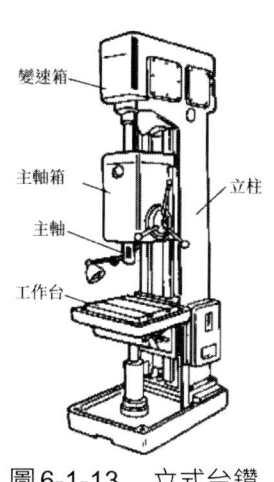

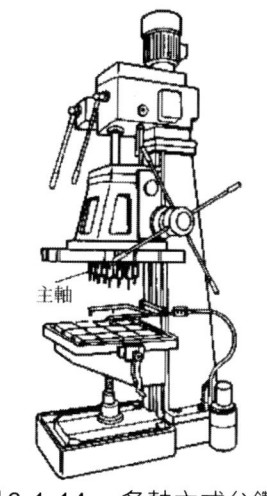

圖6-1-13　立式台鑽　　　圖6-1-14　多軸立式台鑽

3.電鑽

電鑽是一種手持的鑽孔工具，適用於大的工件或在工件的某些特殊位置上鑽孔。常用的電鑽有手槍式和手提式兩種形式，如圖 6-1-15 和圖 6-1-16 所示。

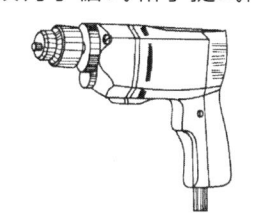

圖6-1-15　手槍式電鑽　　　圖6-1-16　手提式電鑽

4.搖臂鑽床

搖臂鑽床有一個能繞立柱旋轉的搖臂，搖臂帶著主軸箱可沿立柱垂直移動，同時主軸箱還能隨搖臂做橫向移動。因此，操作時能很方便地調整刀具的位置，以對準被加工孔的中心，而不需移動工件來進行加工。搖臂鑽床適用於笨重的大工件以及多孔工件的加工，如圖 6-1-17 所示。

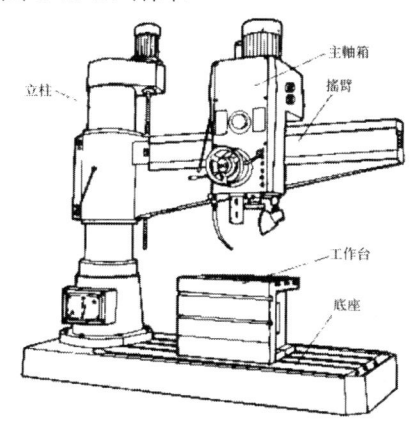

圖6-1-17　搖臂鑽床

四 鑽孔

1.夾持工件

鑽孔時，應根據鑽孔直徑和工件形狀及大小的不同，採用合適的夾持方法，以確保鑽孔品質及安全生產，如圖 6-1-18 所示。

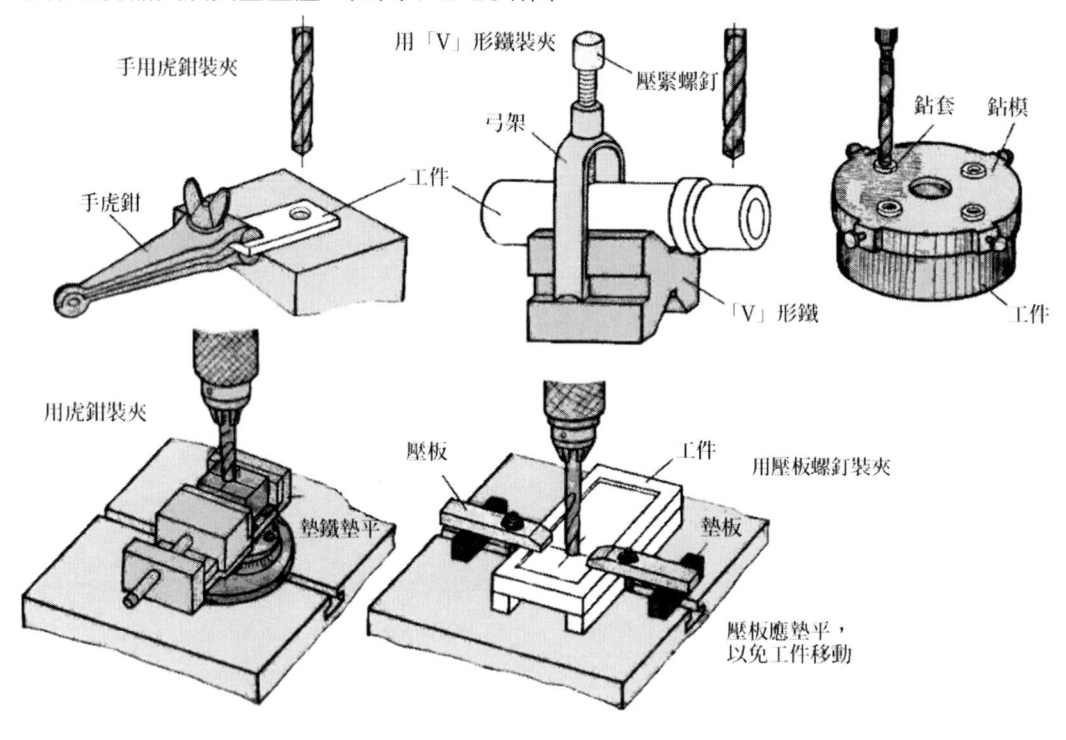

圖 6-1-18　工件的夾持方法

2.鑽孔方法及步驟

（1）在工件上劃孔的加工界線：先劃"十"字中心線，並打好樣沖眼，按孔的大小劃好圓周線；同時對較大直徑的孔劃上一組間隔均勻的正方形或圓。最大尺寸在孔徑左右間隔距離 2mm 左右，通常劃 2～3 圈，如圖 6-1-19 所示。

起鑽時注意兩方向觀察，使起鑽孔處於最內圈的圓或方框兩方向中間位置。鑽削進給時用力均勻，並經常注意退出鑽頭，當工件將鑽穿時注意進給力要小。

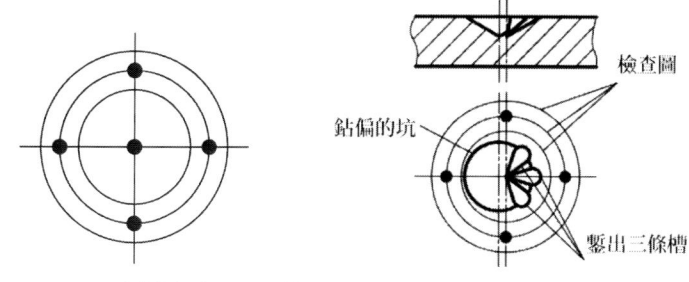

圖 6-1-19　劃孔的加工界線　　圖 6-1-20　起鑽歪斜的修正

(2)試鑽。

起鑽的位置是否正確，直接影響到孔的加工品質。起鑽前先把鑽尖對準孔中心，然後啟動主軸先試鑽一淺坑，看所鑽的錐坑是否與所劃的圓周線同心，如果同心可以繼續鑽下去，如果不同心，則要修正之後再鑽。

（3）修正。當發現所鑽的錐坑與所劃的圓周線不同心時，應及時修正。一般靠移動工件的位置來修正。當在搖臂鑽床上鑽孔時，要移動鑽床的主軸。如果偏移量較多，也可以用樣沖或油槽鏨在需要多鑽去材料的部位鏨上幾條槽，以減少此處的切削阻力而讓鑽頭偏過來，達到修正的目的。如圖 6-1-20 所示。

（4）限位限速。當鑽通孔即將鑽通時，必須減少進給量，如果原來採用自動進給，此時最好改成手動進給。因為當鑽尖剛鑽穿工件材料時，軸向阻力突然減小，由於鑽床進給機構的間隙和彈性變形突然恢復，將使鑽頭以很大的進給量自動切入，以造成鑽頭折斷或鑽孔品質降低等現象。

如果鑽不通孔，可按孔的深度調整擋塊，並通過測量實際尺寸來檢查擋塊的高度是否準確。

（5）直徑超過 30mm 的大孔可分兩次切削。

先用 0.5～0.7 倍的鑽頭鑽孔，然後再用所需孔徑的鑽頭擴孔。這樣可以減少軸向力，保護機床鑽頭，又能提高鑽孔的品質。

（6）深孔的鑽削要注意排屑。

一般當鑽進的深度達到直徑的 3 倍時，鑽頭就要退出排屑。且每鑽進一定的深度，鑽頭就要退刀排屑一次，以免鑽頭因切屑阻塞而扭斷。

（7）鑽半圓孔的方法。

①相同材料的半圓孔的鑽法：當相同材質的兩工件邊緣需要鑽半圓孔時，可以把兩個工件合起來，用台虎鉗夾緊。若只需要做一件，可以用一塊相同的材料與工件合併在一起在台虎鉗內進行鑽削。

②不同材料的半圓孔的鑽法：在兩件不同材質的工件上鑽騎縫孔時，可以採用"借料"的方法來完成。即鑽孔的孔中心樣沖眼要打在略偏向硬材料的一邊，以抵消因阻力小而引起的鑽頭的偏移量。

（8）在斜面上鑽孔。方法一：先用立銑刀在斜面上銑出一個水平面，然後再鑽孔。方法二：用鏨子在斜面上鏨出一個小平面後，先用中心鑽鑽出一個較大的錐坑（或用小鑽頭鑽出一個淺坑）再鑽孔。

（9）鑽削時的冷卻潤滑。鑽削鋼件時常用機油或乳化液潤滑，鑽削鋁件時常用乳化液或煤油潤滑，鑽削鑄鐵件時常用煤油潤滑。

五、鑽孔時的安全文明生產

（1）鑽孔前要清理工作臺，如使用的刀具、量具和其他物品不應放在工作臺面上。

（2）鑽孔前要夾緊工件，鑽通孔時要墊墊塊或使鑽頭對準工作臺的溝槽，防止鑽頭損壞工作臺。

（3）通孔快要被鑽穿時，要減小進給量，以防止產生事故。因為快要鑽通工件時，軸向阻力突然消失，鑽頭走刀機構恢復彈性變形，會突然使進給量增大。

（4）鬆緊鑽夾頭應在停車後進行，且要用"鑰匙"來鬆緊而不能敲擊。當鑽頭要從鑽頭套中退出時需要敲擊。

（5）鑽床要變速時，必須要停車後變速。

（6）鑽孔時，應該戴安全帽，而手套不可戴，以免被高速旋轉的鑽頭造成傷害。

（7）切屑的清除應用刷子掃而不可用嘴吹，以防止切屑飛入眼中。

任務評價

對鉗口鐵的鑽孔情況，根據表6-1-3中的標準進行評價。

表6-1-3　鉗口鐵鑽孔情況評價表

評價內容	評價標準	分值	學生自評	教師評估
準備工作	準備充分	5分		
工具的識別	正確識別工具	10分		
劃針的使用	正確使用	10分		
劃規的使用	正確使用	10分		
樣沖的使用	正確使用	10分		
麻花鑽的刃磨	正確	10分		
鑽孔	達到要求	25分		
安全文明生產	沒有違反安全操作規程	5分		
情感評價	按要求做	15分		
學習體會				

练一练

一、填空題(每題10分,共50分)

1.鑽孔是用麻花鑽在＿＿＿＿上加工出孔的操作。

2.在鑽床上鑽孔時，鑽頭應同時完成＿＿＿＿和軸頭的軸向進給的兩個運動。

3.麻花鑽由柄部、＿＿＿＿、工作部分組成。

4.標準麻花鑽的頂角一般為＿＿＿＿。

5.臺式鑽床簡稱台鑽，其鑽孔直徑一般在＿＿＿＿以下。

二、判斷題(每題10分,共50分)

1.鑽孔的加工精度一般在IT10級以上，表面粗糙度 Ra 為 12.5 μm 左右。（　）

2.直徑超過 30 mm 的大孔可分兩次切削：先用 0.5～0.7 倍的鑽頭鑽孔。（　）

3.鑽削鑄鐵件時常用煤油潤滑。（　）

4.麻花鑽的頂角 $2\varphi<118°$ 時主切削刃呈外凸形。（　）

5.鑽削進給時用力均勻,並經常注意退出鑽頭,其目的是斷屑和排屑。（　）

鋯、擴、鉸鉗口鐵工件的孔

任務目標
(1)能根據孔的技術要求,正確選擇各種孔加工設備。
(2)學會進行鋯孔 擴孔 鉸孔操作。

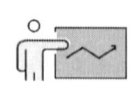

本任務的主要內容是緊接著任務一,繼續完成孔加工。利用鋯孔鑽對孔進行鋯 用擴孔鑽對孔進行擴孔,用鉸刀進行鉸孔的操作。如圖 6-2-1 所示。

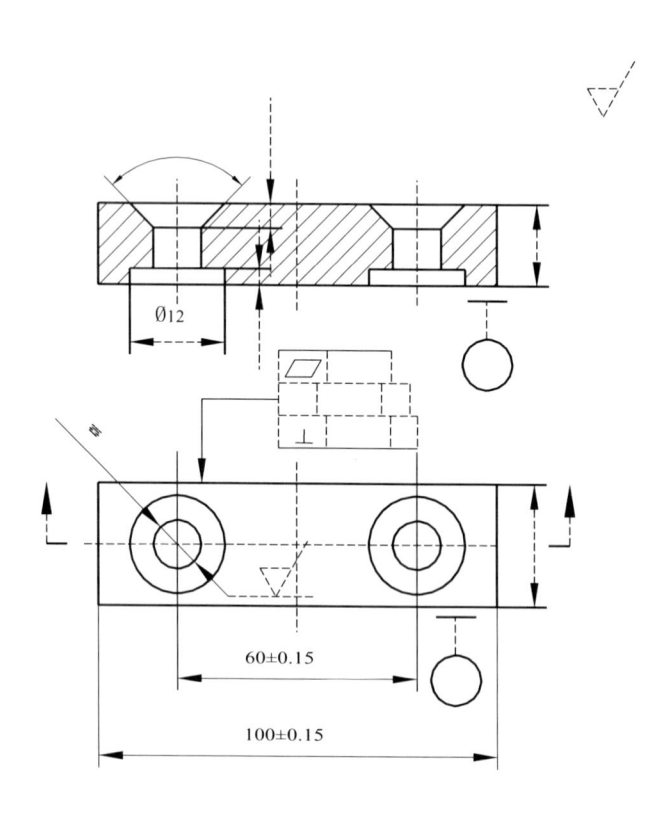

在完成鑽孔的基礎上,把孔擴大,並提高孔的加工精度,滿足工件的技術要求。

任務實施

一、工具、量具的準備

鉗口鐵孔加工的工具,量具準備清單見表6-2-1。

表6-2-1　工具 量具準備清單

序號	名稱	規格	數量
1	高度遊標卡尺	0～300 mm	1把/組
2	遊標卡尺	1～125 mm	1把/組
3	千分尺	0～25 mm	1把/組
4	樣沖		1支/組
5	錘子	0.5 kg	1把/組
6	寬座角尺	100 mm×63 mm	1把/組
7	劃線平板	70 mm×70 mm	1個/組
8	劃針		1支/組
9	劃規		1支/組
10	擋塊("V"形鐵)		1個/組
11	大銼刀	300 mm	1把/人
12	中銼刀	200 mm	1把/人
13	砂布		1張/人
14	手鋸		1把/人
15	鋸條	300 mm	2根/人
16	麻花鑽	ϕ5.8 mm	1支/組
17	麻花鑽	ϕ12 mm	1支/組
18	柱形鍃孔鑽	ϕ12 mm	1套/組
19	錐形鍃孔鑽	90°	1支/組
20	鉸刀	ϕ6 mm	1支/組

二、鉗口鐵的加工工藝

接項目六任務一繼續加工,將在鉗口鐵上擴孔、鍃孔、鉸孔,其具體加工工藝過程見表 6-2-2。

表6-2-2　鉗口鐵的加工工藝

步驟	工藝方法	工藝步驟圖
孔口倒角	用 ϕ12 mm 的麻花鑽進行孔口倒角1 mm,用鑽床深度尺控制起始位置(注意起點時,可停車用麻花鑽接觸起點記下深度位置,用彩色粉筆做好標記),結合遊標卡尺深度尺檢查	
鍃孔	用90°錐形鍃孔鑽和 ϕ12 mm 柱形鍃孔鑽鍃孔,深度用鑽床深度尺控制起始位置(注意起點時,可停車用麻花鑽接觸起點記下深度位置,用彩色粉筆做好標記),結合遊標卡尺深度尺檢查	
鉸孔	用 ϕ6 mm 鉸刀鉸孔,鉸孔時加少量機油,要一鉸到底,不可反轉	

做一做

上面已介紹了鉗口鐵加工工藝，接鑽孔任務後，進行倒角、鍃孔、鉸孔時如何保證品質，下面來做一做，看誰做得又好又快。每位同學接上次鑽孔的任務，繼續完成，按圖樣加工出零件，如圖 6-2-1 所示。先自己評價，然後請其他同學評價，最後教師評價。

相關知識

一、鍃孔

1.鍃孔的定義

用鍃削的方法在孔口表面用鍃鑽加工出一定形狀的孔的加工方法叫鍃孔。

2.鍃孔的類型

鍃孔的類型主要有：圓柱形沉孔、圓錐形沉孔及鍃孔口的凸檯面，如圖 6-2-2 所示。

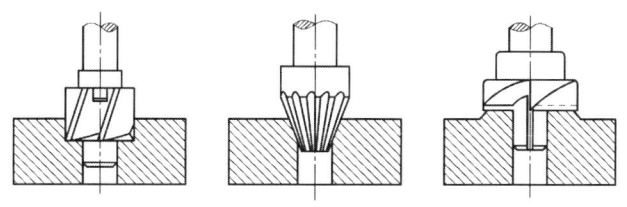

圖6-2-2　鍃孔類型

3.鍃孔的目的

鍃孔是為了保證孔與連接件具有準確的相對位置，使連接可靠。

4.鍃鑽的種類及作用

鍃鑽的種類：柱型鍃鑽、錐型鍃鑽、端面鍃鑽。

（1）柱型鍃鑽。其作用是作為鍃圓柱形沉孔的鍃鑽。

（2）錐型鍃鑽。其作用是作為鍃錐型埋頭孔的鍃鑽。

（3）端面鍃鑽。其作用是作為鍃平孔口端面的鍃鑽。

二、擴孔

擴孔是用以擴大已加工（鑄出、鍛出或鑽出的孔）出的孔的方法，它還可以校正孔軸線偏差，並使其獲得正確的幾何形狀和較小的表面粗糙度；其加工精度一般為 IT9～IT10 級，表面粗糙度 Ra 為 3.2～6.3μm。擴孔的加工餘量一般為 0.2～4mm。鑽孔時鑽頭的所有刀刃都參與工作，切削阻力非常大，特別是鑽頭的橫刃為負的前角，而且橫刃對線總有不對稱，由此引起鑽頭的擺動，所以鑽孔精度很低，擴孔時只有最外周的刀刃參與切削，阻力大大減小，而且由於沒有橫刃，鑽頭可以浮動定心，所以擴孔的精度遠遠高於鑽孔。

擴孔時也可用鑽頭擴孔，但當孔精度要求較高時常用擴孔鑽擴孔，如圖 6-2-3 所示。擴孔鑽的形狀與鑽頭相似，不同的是擴孔鑽有 3～4 個切削刃，且沒有橫刃，其頂端是平的，螺旋槽較淺，故鑽芯粗實、剛性好，不易變形，導向性好。

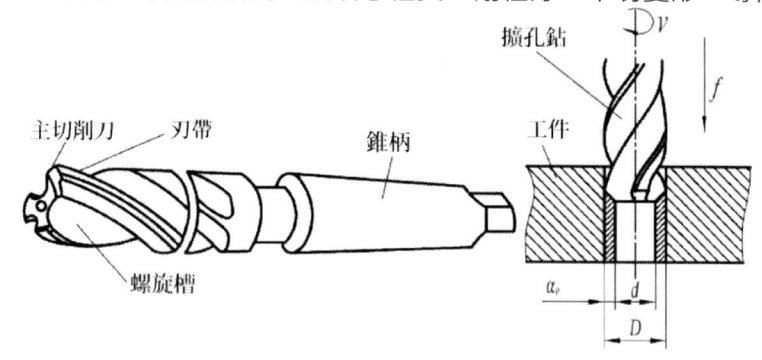

圖6-2-3　擴孔鑽

三、鉸孔

鉸孔是鉸刀從工件壁上切除微量金屬層，以提高孔的尺寸精度和表面品質的加工方法。鉸孔是應用較普遍的孔的精加工方法之一，其加工精度可達 IT6～IT7 級，表面粗糙度 Ra 為 0.4～0.8μm。

1.鉸刀

鉸刀是多刃切削刀具，有 4～12 個切削刃和較小頂角。鉸孔時導向性好。鉸刀刀齒的齒槽很寬，鉸刀的橫截面大，因此剛性好。鉸孔因為餘量很小，每個切削刃上的負荷都小於擴孔時的負荷，切削速度很低，不會受到切削熱和震動的影響，因此加工孔的品質較高。

鉸刀按照鉸孔的形狀分為圓柱鉸刀、圓錐鉸刀兩種；按使用方法分為手用鉸刀和機用鉸刀兩種，如圖 6-2-4、圖 6-2-5 所示。手用鉸刀頂角比機用鉸刀的小，其柄為直柄（機用鉸刀為錐柄）。鉸刀的工作部分有切削部分和修光部分組成。

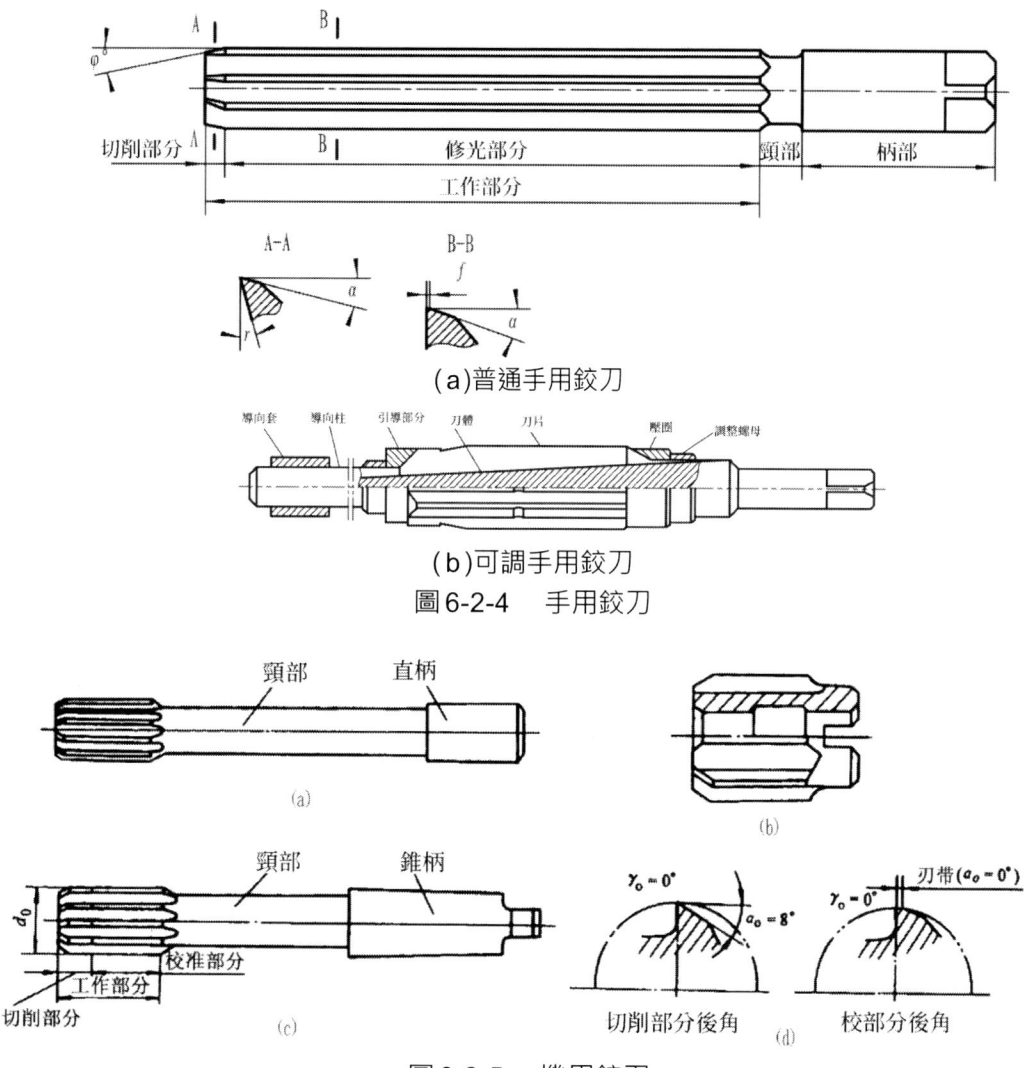

(a)普通手用鉸刀

(b)可調手用鉸刀

圖6-2-4　手用鉸刀

圖6-2-5　機用鉸刀

鉸孔時不能倒轉，否則切屑會卡在孔壁和切削刃之間，使孔壁劃傷或切削刃崩裂。鉸孔時常用適當的冷卻液降低刀具和工件的溫度，同時可防止產生積屑瘤，並減少切削屑細末黏附在鉸刀和孔壁上，從而提高孔的品質。

標準鉸刀有 4~12 齒。鉸刀的齒數除與鉸刀直徑有關外，主要根據加工精度的要求來選擇。齒數過多，刀具的製造、修磨都比較麻煩，而且會因齒間容屑槽減小導致切屑堵塞、劃傷孔壁甚至折斷鉸刀的後果。齒數過少，則鉸削時的穩定性差，刀齒的切削負荷增大，切容易產生幾何形狀誤差。鉸刀齒數可參照表 6-2-3 選擇。

表6-2-3　鉸刀齒數選擇

鉸刀直徑/mm		1.5～3	3～14	14～40	＞40
齒數	一般加工精度	4	4	6	8
	高加工精度	4	6	8	10～12

2.鉸孔的工作要領

（1）裝夾要可靠，將工件夾緊、夾正，對薄壁零件，要防止夾緊力過大而將孔夾扁。

（2）手鉸時，兩手用力要平衡、均勻、穩定，以免在孔的進口處出現喇叭孔或孔徑擴大；進給時，不要猛力推壓鉸刀，而應一邊旋轉，一邊輕輕加壓，否則孔表面會很粗糙。

（3）鉸刀只能順轉，否則切屑卡在孔壁和刀齒後刀面之間，既會將孔壁拉毛，又易使鉸刀磨損，甚至崩裂切削刃。

（4）當手鉸刀被卡住時，不要猛力搬轉鉸手。而應及時取出鉸刀，清除切屑，檢查鉸刀後再繼續緩慢進給。

（5）機鉸退刀時，應先退刀後再停車。鉸通孔時，鉸刀的標準部分不要全部出頭，以防止孔的下端被刮壞。

（6）機鉸時，要注意機床主軸、鉸刀、待鉸孔三者的同軸度是否符合要求，對高精度孔，必要時可以採用浮動鉸刀夾頭裝夾鉸刀。

四、切削液

1.切削液的作用

（1）冷卻作用。切削液的輸入能吸附和帶走大量的切削熱，降低工件和鑽頭的溫度，限制積屑瘤的產生，防止已加工表面硬化，減少因受熱變形產生的尺寸誤差。

（2）潤滑作用。由於切削液能滲透到工件與鑽頭的切削部分形成有吸附性的油膜，起到減小摩擦的作用，從而降低了鑽削阻力和鑽削溫度，使切削性能及鑽孔品質得到提高。

（3）內潤滑作用。切削液能滲透到金屬的細微裂縫中，起到潤滑作用，減小了材料的變形抗力，從而使鑽削更省力。

（4）洗滌作用。流動的切削液能沖走切屑，避免切屑劃傷已加工的表面。

2.切削液的種類

（1）乳化液。作用：主要起冷卻作用。

特點：比熱容大，黏度小，流動性好，可以吸收大量的熱量。應用：主要用於鋼、銅、鋁合金的鑽孔。

（2）切削油（礦物油、植物油、複合油）。作用：主要起潤滑作用。特點：比熱容小，黏度大，散熱效果差。

應用：主要用來減小被加工表面的粗糙度或減少積屑瘤的產生。

3.切削液的選擇

（1）一般情況下鑽孔屬於粗加工，散熱困難。選擇切削液時，應以散熱為主要目的，選擇以冷卻為主的切削液，以提高鑽頭的切削性能和耐用度。

（2）在鑽削高強度材料時要求潤滑膜有足夠的強度。

（3）在塑性、韌性較大的材料上鑽孔時，要求加強潤滑作用。

（4）被加工孔的精度要求較高、表面粗糙度要求較小時，選用主要起潤滑作用的切削液。

（5）被加工材料為鑄鐵時，若要求較高，選用煤油。

五、群鑽

1.標準群鑽

標準群鑽主要用來鑽削鋼材，它的結構特點是在標準麻花鑽上磨出月牙槽、修磨橫刃和磨出單面分屑槽。月牙槽把主切削刃分成外刃、圓弧刃、內刃，利於斷屑、排屑，減小切削阻力。如圖 6-2-6 所示。

修磨標準群鑽的口訣：

三尖七刃銳當先，月牙弧槽分兩邊。

一側外刃開屑槽，橫刃磨低窄又尖。

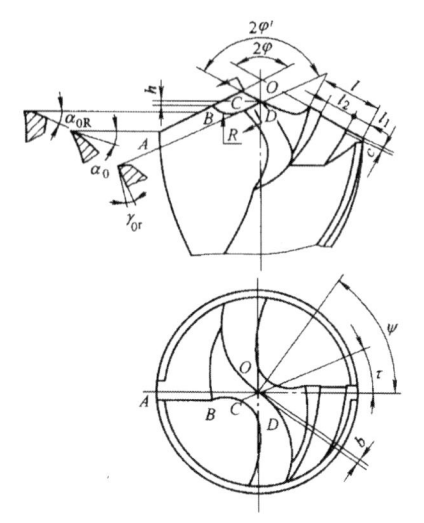

圖 6-2-6　標準群鑽

2.其他群鑽

（1）薄板群鑽。用標準鑽頭鑽薄板時，由於鑽心鑽穿工件後，立即失去定心作用且軸向阻力突然減小，易帶動工件彈動，使鑽出的孔不圓、有毛邊，常產生紮刀或鑽頭折斷現象。將麻花鑽的兩條切削刃磨成弧形，這樣兩條切削刃的外緣和鑽心處就形成了 3 個刀尖。這樣鑽薄板時，鑽心未鑽穿，兩切削刃的外刀尖已在工件上劃出圓環槽，能起到良好的定心作用。如圖 6-2-7 所示。

（2）鑽削鑄鐵的群鑽。鑄鐵硬而脆，易產生崩脆切屑，加快鑽頭磨損。修磨鑄鐵鑽主要是磨出二重頂角（$2\varphi=70°$），較大的鑽頭磨出三重頂角，以增加耐磨性，同時可以把後角磨得大些，橫刃磨得短些，如圖 6-2-8 所示。

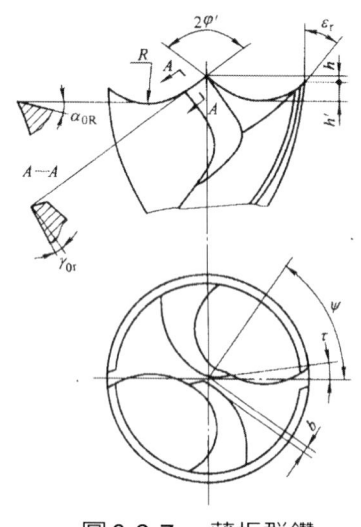

圖 6-2-7　薄板群鑽　　　　圖 6-2-8　鑄鐵群鑽

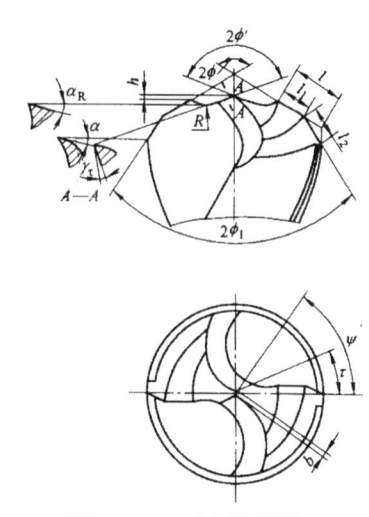

（3）鑽削純銅的群鑽。

純銅材質軟、塑性好、強度低，易產生帶狀切屑，導致孔不圓、粗糙、劃痕、毛刺。

（4）鑽削黃銅、青銅的群鑽。鑄造黃銅、青銅的強度、硬度都較低，切削時抗力較小，會造成切削刃自動向下，

鑽穿時會使鑽頭崩刃、折斷，孔出口鑽壞，工件彈出。如圖 6-2-9 所示。

（5）鑽削鋁、鋁合金的群鑽。鋁、鋁合金材料強度、硬度低，塑性差，切削時抗力較小。切屑呈帶狀但斷屑容易

形成積屑瘤。如圖 6-2-10 所示。

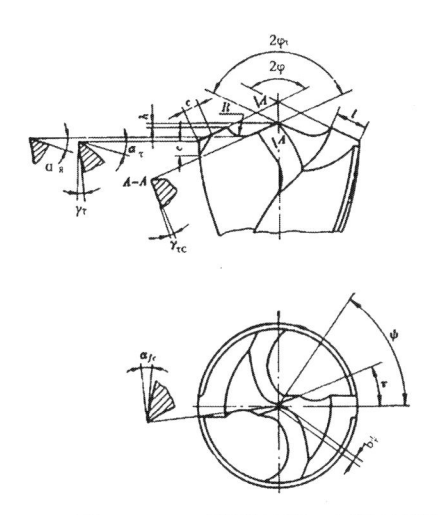

圖 6-2-9　鑽削黃銅 青銅的群鑽 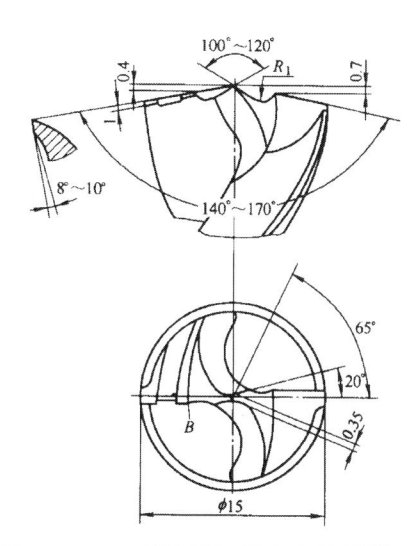　　　圖 6-2-10　鑽削鋁 鋁合金的群鑽

六、硬質合金鑽頭

硬質合金鑽頭是在麻花鑽切削刃上嵌焊一塊硬質合金刀片製成的，適用於鑽削很硬的材料，如高錳鋼和淬硬鋼，也適用於高速鑽削鑄鐵。常用硬質合金刀片的材料是 YG8 或 YW2。

硬質合金鑽頭切削部分的幾何參數一般是 $\gamma=0°\sim5°$，$\alpha=10°\sim15°$，$2\varphi=110°\sim120°$，$\psi=77°$，主切削刃磨成 R2×0.3 的小圓弧。如圖 6-2-11 所示。

任務評價

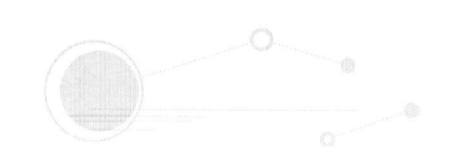

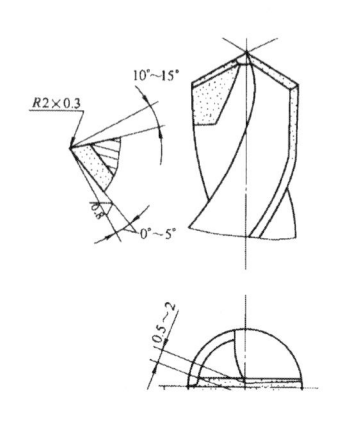

對鉗口鐵鍃、擴、鉸孔的加工情況，根據表 6-2-4 中的標準進行評價。

評價內容	評價標準	分值	學生自評	
備工作	準備充分	5分		
工具的識別	正確使用工具			
劃規的使用	正確使用			
樣沖的使用	正確使用	5分		
鑽孔	方法正確			
鍃孔	達到要求	5分		
鉸孔	達到要求			
情感評價	按要求做			
習體會				

练一练

一、填空題(每題10分,共50分)

1. 锪孔的類型主要有：圓柱形沉孔、＿＿＿＿＿及锪孔口的凸檯面上加工出孔的操作。
2. 鉸孔是鉸刀從工件壁上切除＿＿＿＿＿，以提高孔的尺寸精度和表面品質的加工方法。
3. 乳化液主要起＿＿＿＿＿作用。
4. 在兩件不同材質的工件上鑽騎縫孔時，鑽孔的孔中心樣沖眼要打在略偏向＿＿＿＿＿的一邊。
5. 電鑽是一種＿＿＿＿＿的鑽孔工具，適用於工件的某些特殊位置上鑽孔。

二、判斷題(每題10分,共50分)

1. 鉸孔時不能倒轉，否則鐵屑會卡在孔壁和切削刃之間，使孔壁劃傷或切削刃崩裂。（　）
2. 機鉸退刀時，應先退刀後再停車。（　）
3. 薄板群鑽又稱三尖鑽，兩切削刃外緣刃尖比鑽心尖高 0.5～1.5mm。（　）
4. 被加工材料為鑄鐵時，若要求較高，應選用煤油切削油進行冷卻。（　）
5. 擴孔時也可用鑽頭擴孔，但當孔精度要求較高時常用擴孔鑽擴孔。（　）

項目七　加工螺紋

19 世紀 20 年代，英國機床工業之父莫茲利，製造出世界上第一批加工螺紋用的絲錐和板牙。使得螺紋手工加工在生產中得到運用和普及，有力地促進了機械加工及維修技術的發展。

鉗工加工螺紋的方式有兩種：一種是用絲錐加工內螺紋稱為攻絲，另一種是用圓板牙加工外螺紋稱為套絲，如下圖所示。攻絲和套絲在鉗工加工中佔有重要的地位，是鉗工加工技能的一個重點，也是難點。

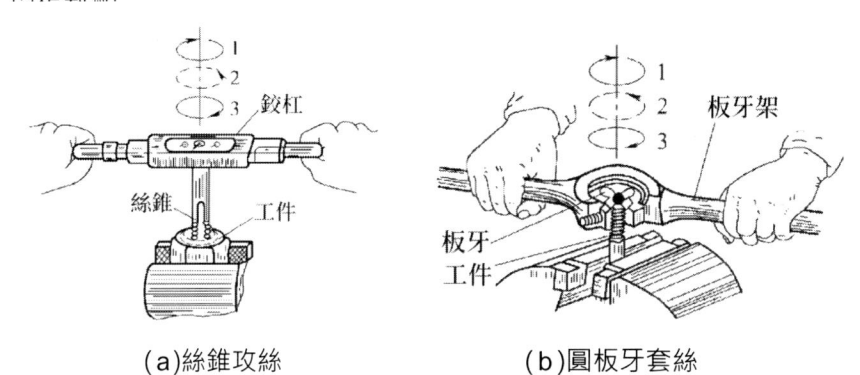

(a)絲錐攻絲　　(b)圓板牙套絲

螺紋加工

目標類型	目標要求
知識目標	(1)知道螺紋加工安全操作規程 (2)識別螺紋加工刀具(絲錐、板牙) (3)能正確地使用鉸杠和板牙架等工具
技能目標	(1)能在遵守安全操作規程的前提下操作 (2)能正確地選用螺紋加工刀具(絲錐、板牙) (3)能識別絲錐、板牙螺距、類型和規格 (4)能加工出用環規和塞規檢查合格的螺紋
情感目標	(1)能養成根據圖紙要求自主安排加工工藝且有條不紊的工作習慣 (2)能在工作中和同學協作完成任務 (3)能意識到規範操作和安全作業的重要性

任務一　攻六角螺母的內螺紋

任務目標

(1)會使用攻絲工具。
(2)能識別絲錐類型。
(3)能正確進行內螺紋加工操作。

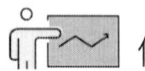

任務分析

　　本任務的主要內容是應用前面所學的知識和技能進行劃線、鑽孔、銼削。再結合本任務，使用攻絲工具，加工出合格的內螺紋工件，如圖 7-1-1 所示。攻絲是一項技術要求較高的技能操作工作，如果劃線精度不達標，樣沖眼不正，底孔偏斜，就會造成六角螺母外形的對稱度等技術要求無法保證。要完成這次任務需要工具：劃針、劃規、樣沖、錘子、鉸杠、麻花鑽、絲錐、300mm 大銼刀、150mm 細齒銼刀等；量具：高度游標卡尺、遊標卡尺、千分尺、萬能游標量角器等。輔助工具：劃線平板、擋塊（"V"形鐵）。零件的材料為 φ12×9mm 的圓鋼一塊，要求在劃線平板上進行基本線條劃線，鑽床上進行底孔加工，最後在台虎鉗上進行銼削和攻絲。達到外形美觀，螺紋合格，表面粗糙度均勻，尺寸精度符合要求。

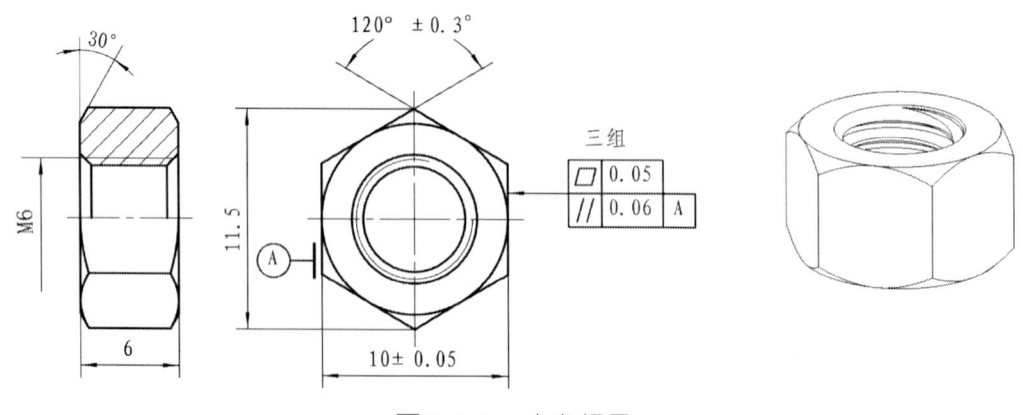

圖 7-1-1　六角螺母

項目七 加工螺紋

任務實施

一、工具、量具的準備

表 7-1-1　工具 量具準備清單

序號	名稱	規格	數量
1	高度遊標卡尺	0～300 mm	1 把/組
2	遊標卡尺	0～150 mm	2 把/組
3	千分尺	0～25 mm	2 把/組
4	活絡角尺		1 把/組
5	萬能游標量角器		1 把/組
6	劃線平板		1 張/組
7	劃針		1 把/組
8	劃規		1 把/組
9	樣沖		1 把/組
10	錘子		1 把/組
11	擋塊("V"形鐵)		1 只/組
12	麻花鑽	ϕ5 mm/ϕ6.8 mm	各 1 只/組
13	麻花鑽	ϕ8 mm/ϕ10 mm	各 1 只/組
14	絲錐	M6 mm/ M8 mm	各 1 套/組
15	鉸杠		1 只/組
16	普通鉸杠		1 只/組
17	大銼刀	300 mm	1 把/人
18	細齒銼刀	150 mm	1 把/人

二、螺母製作

1.下料

用手鋸鋸割得到 ϕ12×9mm 的圓鋼兩件。

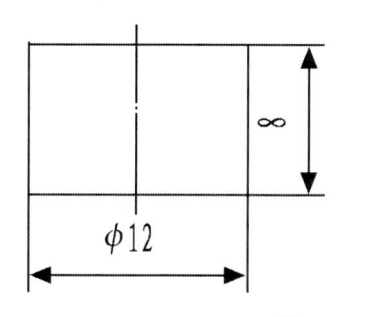

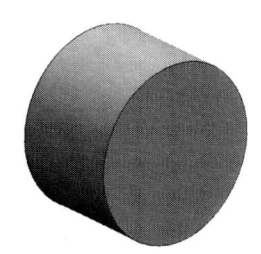

圖 7-1-2　下料

2.劃線、打樣沖眼

依據毛坯外圓為基準，用劃規和角尺找正圓心，借助"V"形鐵和高度遊標卡尺，用劃針和劃規劃出六邊形和內切圓輪廓線。

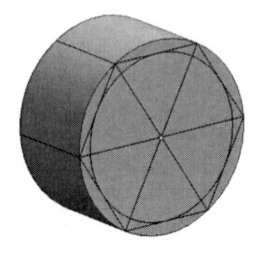

圖 7-1-3　劃線

3.銼削第一面

根據劃線基準線，用粗齒、細齒銼刀銼削出第一個表面，以尺寸 11mm 為參考進行測量。注意達到平面度要求。

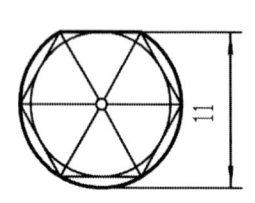

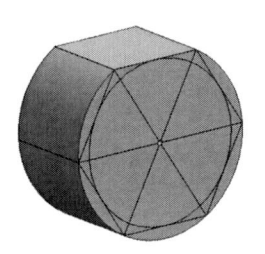

圖 7-1-4　銼削第一面

4.銼削第二面

根據第一個銼削面，用粗齒、細齒銼刀銼削出第二個表面，保證尺寸為 10±0.05mm。注意達到平面度 0.05mm 和平行度 0.06mm 要求。

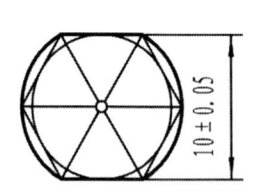

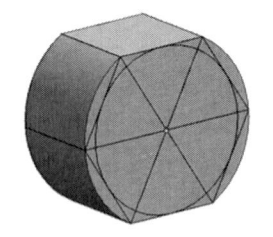

圖 7-1-5　銼削第二面

5.銼削第三面

根據第一個銼削基準面，用粗齒、細齒銼刀銼削出第三個表面，以尺寸 11mm 為參考進行測量。注意達到平面度 0.05mm 和角度 120°±0.03°的要求，結合游標量角器或者活絡角尺檢查。

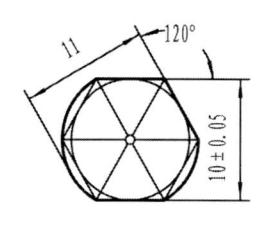

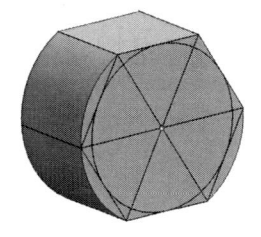

圖 7-1-6　銼削第三面

6.銼削第四面

根據第二、三個銼削面，用粗齒、細齒銼刀銼削出第四個表面，以尺寸 11mm 為參考進行測量。注意達到平面度 0.05mm 和角度 120°±0.03°的要求，結合游標量角器或者活絡角尺檢查。

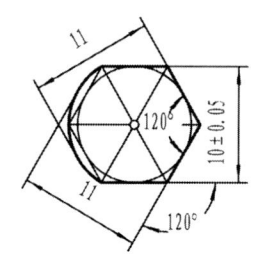

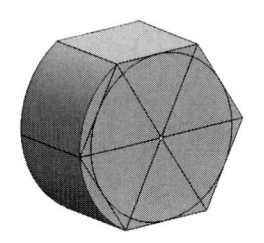

圖 7-1-7　銼削第四面

7.銼削平行面

以第三、四個銼削面為基準，用粗齒、細齒銼刀銼削出第五、六個表面，保證尺寸 10±0.05mm。注意達到平面度 0.05mm、平行度 0.06mm 和角度 120°±0.03°的要求，結合萬能游標量角器或者活絡角尺檢查。

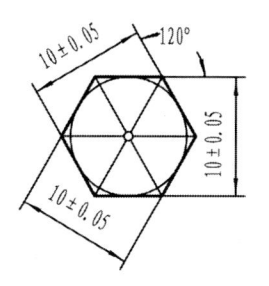

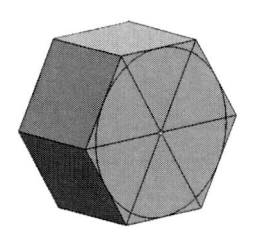

圖 7-1-8　銼削平行面

8.鑽底孔

以樣沖眼為基準（注意檢查，起鑽一定要準確，否則調整困難；發現不準確，可以從另一面起鑽）鑽 φ5mm 的底孔。

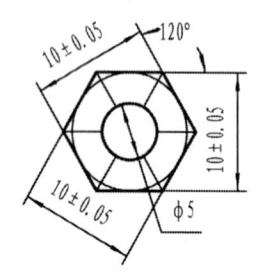

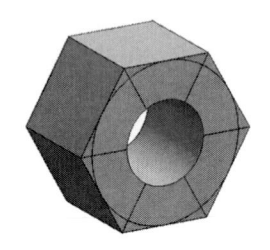

圖 7-1-9　鑽底孔

9.孔口倒角

用 φ8mm 以上直徑的鑽頭進行孔口倒角（注意要接近於 φ7mm）。

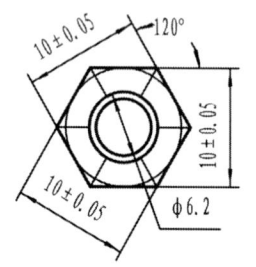

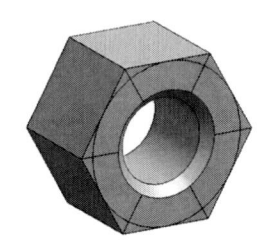

圖 7-1-10　孔口倒角

10.攻絲

用 M6 的絲錐攻絲。可加少量機油，可用角尺從兩個方向（角尺旋轉 90°）檢查絲錐是否和孔口面垂直，避免牙型歪斜，注意用力均勻，防止斷牙。正常攻絲後，要及時進行斷屑動作處理。攻絲完畢，用標準的螺杆進行檢查。要按頭攻、二攻的順序加工。

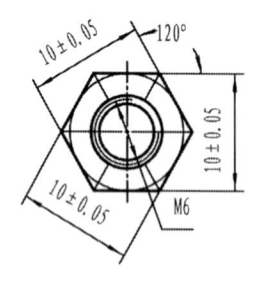

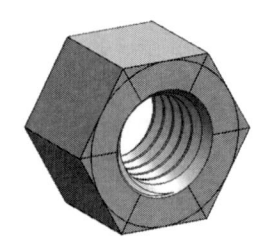

圖 7-1-11　攻絲

11.倒角、整形

用粗齒、細齒銼刀倒角,注意要按 45°斜角將六條邊倒成一個內切圓,再精修外形、拋光。

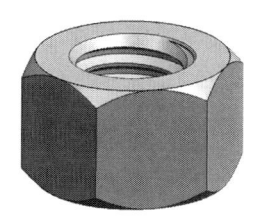

圖7-1-12　倒角 整形

我們上面已學習了攻絲的相關知識和各種工具的使用方法,並進行了任務練習,下面來做一做另一規格的六角螺母的練習,如圖 7-1-13 所示,看誰做得又好又快。備料直徑 φ28×15mm 的圓鋼,根據前面練習方法和工藝步驟(也可以自己制訂工藝方法和步驟),然後和其他同學互相評價,最後教師評定並計分。

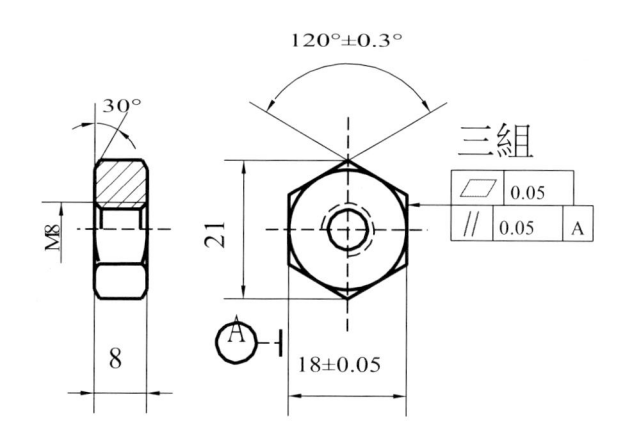

圖 7-1-13　練習圖

相關知識

一、螺紋的基本知識

1.螺紋的種類

螺紋的種類很多,有標準螺紋和非標準螺紋,其中以標準螺紋最常用,在標準螺紋中,除管螺紋採用英制外,其他螺紋一般採用米制。標準螺紋的分類見

表 7-1-3。

表 7-1-3 標準螺紋的分類

標準螺紋	普通螺紋	粗牙普通螺紋	
		細牙普通螺紋	
	管螺紋	用螺紋密封的管螺紋	圓錐內螺紋
			圓錐外螺紋
			圓柱內螺紋
		非螺紋密封的管螺紋	圓柱管螺紋
	梯形螺紋		
	鋸齒形螺紋		

2.螺紋主要參數的名稱

（1）螺紋牙形。螺紋牙形是指在通過螺紋軸線的剖面上螺紋的輪廓形狀，常見的有三角形、梯形、鋸齒形等。在螺紋牙形上，兩相鄰牙側間的夾角為牙形角，牙形角有 55°（英制）、60°、30°等。

（2）螺紋大徑（d 或 D）。螺紋大徑是指與外螺紋牙頂或內螺紋牙底相切的假想圓柱或圓錐的直徑。國標規定：米制螺紋的大徑是代表螺紋尺寸的直徑，稱為公稱直徑。

（3）螺紋小徑（d_1 或 D_1）。螺紋小徑是指與外螺紋的牙底與內螺紋的牙頂相切的假想圓柱或圓錐的直徑。

（4）螺紋中徑（d_2 或 D_2）。螺紋中徑是一個假想圓柱或圓錐的直徑，該圓柱或圓錐的母線通過牙形上溝槽和凸起寬度相等的地方。該假想圓柱或圓錐稱為中徑圓柱或中徑圓錐，中徑圓柱或中徑圓錐的直徑稱為中徑。

（5）線數（n）。螺紋線數是指一個圓柱表面上的螺旋線數目。它分單線螺紋、雙線螺紋和多線螺紋。沿一條螺旋線所形成的螺紋為單線螺紋；沿兩條或多條軸向等距離分佈的螺旋線所形成的螺紋稱為雙線螺紋或多線螺紋。

（6）螺距（P）。螺距是指相鄰兩牙在中徑線上對應兩點間的軸向距離。

（7）螺紋的旋向。

右旋螺紋不加標注；左旋螺紋加"LH"標注。

（8）導程（S）。螺紋上任意一點沿同一條螺旋線轉一周所移動的軸向距離。單線螺紋的導程等於螺距（S=P），多線螺紋的導程等於線數乘以螺距（S=nP）（線數 n：螺紋的螺旋線數目）。

（9）螺紋旋合長（深）度。

對於螺紋旋合深度一般來說，頭三扣將承載 80%以上的力。所以，旋合長度不能少於 5 扣，螺紋旋合長度也為螺紋的主要參數。

3.標準螺紋的代號及應用

標準螺紋的代號說明及應用見表 7-1-4。

表7-1-4　標準螺紋代號示例

螺紋類型	牙形代號	代號示例	代號說明	應用
普通粗牙螺紋	M	M12	普通粗牙螺紋，外徑 12 mm	大量用來緊固零件
普通細牙螺紋	M	M10×1.25	普通細牙螺紋，外徑 10 mm，螺距 1.25 mm	自鎖能力強，一般用來鎖薄壁零件和對防震要求較高的零件
梯形螺紋	Tr	Tr32 × 12/2-IT7左	梯形螺紋，外徑 32 mm，導程 12 mm，雙線，7 級精度，左旋	能承受兩個方向的軸向力，可作為傳動桿，如車床的絲桿
鋸齒形螺紋	B	B70×10	鋸齒形螺紋，外徑 70 mm，螺距 10 mm	能承受較大的單向軸向力，可作為傳遞單向負荷的傳動絲桿

二、攻螺紋

用絲錐在孔中切削加工內螺紋的方法稱為攻螺紋。

1.攻螺紋工具

（1）絲錐。絲錐是加工內螺紋的工具，一般分為手用絲錐和機用絲錐。按其用途不同可以分為普通螺紋絲錐、英制螺紋絲錐、圓柱管螺紋絲錐、圓錐管螺紋絲錐、板牙絲錐、螺母絲錐、校準絲錐及特殊螺紋絲錐等。其中普通螺紋絲錐、圓柱管螺紋絲錐和圓錐管螺紋絲錐是常用的三種絲錐。

通常手用絲錐中 M6～M24 的絲錐為兩支一套，小於 M6 和大於 M24 的絲錐為三支一套，稱為頭錐、二錐、三錐。這是因為 M6 以下的絲錐強度低、易折斷，分配給三個絲錐切削可使每一個絲錐擔負的切削餘量小，因而產生的扭矩小，從而保護絲錐不易折斷。而 M24 以上的絲錐要切除的餘量大，分配給三支絲錐後可有效減少每一支絲錐的切削阻力，以減輕操作者的體力勞動。細牙螺紋絲錐為兩支一組。

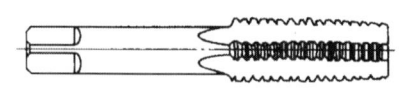

圖 7-1-14　絲錐

（2）絲錐的構造。

絲錐由工作部分和柄部組成。工作部分包括切削部分和校準部分。切削部分磨出錐角。校準部分具有完整的齒形，柄部有方榫。

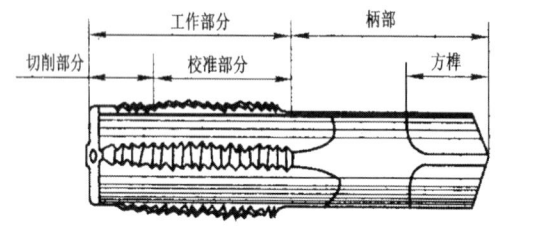

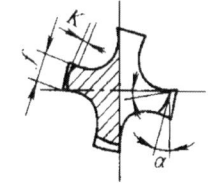

(a)外形　　　　(b)切削部分和校準部分的角度

圖 7-1-15　絲錐的構造

(3)絲錐的幾何參數。

①前角、後角和倒錐。

表 7-1-5　絲錐的前角

被加工材料	鑄青銅	鑄鐵	硬鋼	黃銅	中碳鋼	低碳鋼	不銹鋼	鋁合金
前角 γ_0	0°	5°	5°	10°	10°	15°	15°~20°	21°~30°

絲錐切削部分的前角 γ_0 一般為 8°~10°。

絲錐的後角 α_0，一般手用絲錐 α_0=6°~8°，機用絲錐 α_0=10°~12°，齒側為零度。絲錐的校準部分的大徑、中徑、小徑均有（0.05~0.12）mm/100mm 的倒錐，以減少和螺孔的摩擦，減少所加工螺紋的擴張量。

②容屑槽（圖 7-1-16）。

M8 以下的絲錐一般是三條容屑槽，M8~12 的絲錐有三條也有四條的，M12 以上的絲錐一般是四條容屑槽。較大的手用和機用絲錐及管螺紋絲錐也有六條容屑槽的。

(a) 左旋　　　(b) 右旋

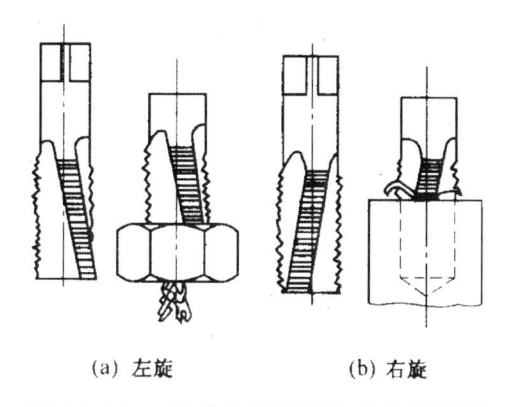

圖 7-1-16　絲錐的容屑槽的方向與排屑

（4）成套絲錐的切削量分配。

　　成套絲錐切削量的分配，一般有兩種形式：錐形分配和柱形分配。一套錐形分配切削量的絲錐中，所有絲錐的大徑、中徑、小徑都相等，只是切削部

分的長度和錐角不相等，也叫等徑絲錐，如圖 7-1-17 所示。當攻制通孔螺紋時，用頭攻（初錐）一次切削即可加工完畢，二攻（也叫中錐）、三攻（底錐）則用得較少。一組絲錐中，每支絲錐磨損很不均勻。由於頭攻能一次攻削成形，切削厚度大，切屑變形嚴重，加工表面粗糙，精度差。

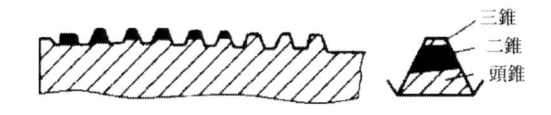

圖 7-1-17　錐形分配(等徑絲錐)

　　一般 M12 以下絲錐採用錐形分配，M12 以上絲錐則採用柱形分配。柱形分配的絲錐的大徑、中徑、小徑都不相等，叫不等徑絲錐，如圖 7-1-18 所示。即頭攻（也叫第一粗錐）、二攻（第二粗錐）的大徑、中徑、小徑都比三攻（精錐）小。頭攻、二攻的中徑一樣，大徑不一樣。頭攻大徑小、二攻大徑大。這種絲錐的切削量分配比較合理，三支一套的絲錐按順序為 6：3：1 分擔切削量，兩支一套的絲錐按順序為 7.5：2.5 分擔切削量，切削省力，各錐磨損量差別小，使用壽命較長。同時末錐（精錐）的兩側也參加少量切削，所以加工表面粗糙度度值較小。一般 M12 以上的絲錐多屬於這一種。柱形分配絲錐一定要最後一支絲錐攻過後，才能得到正確螺紋。

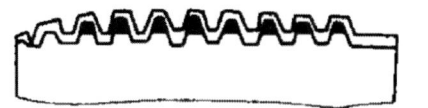

圖 7-1-18　柱形分配(不等徑絲錐)

絲錐的修磨。當絲錐的切削部分磨損時，可以修磨其後刀面。修磨時要注意保持各刀瓣的半錐角及切削部分長度的準確性和一致性。轉動絲錐時要留心，不要使另一刀瓣的刀齒因碰擦而磨壞。當絲錐的校正部分有顯著磨損時，可用棱角修圓的片狀砂輪修磨其前刀面，並控制好一定的前角。

2.鉸杠

鉸杠是手工攻螺紋時用的一種輔助工具。鉸杠分普通鉸杠和丁字形鉸杠兩類。如圖 7-1-19 所示常用的是"丁"字形鉸杠。旋轉手柄即可調節方孔的大小，以便夾持不同尺寸的絲錐。鉸杠長度應根據絲錐尺寸大小進行選擇，以便控制攻螺紋時的扭矩，防止絲錐因施力不當而扭斷。

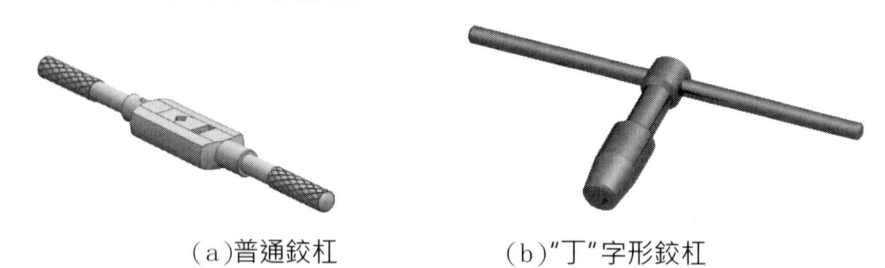

（a）普通鉸杠　　　（b）"丁"字形鉸杠
圖 7-1-19　鉸杠

3.攻螺紋方法

（1）攻螺紋前螺紋底孔直徑和鑽孔深度的確定。螺紋底孔直徑的大小，應根據工件材料的塑性和鑽孔時的擴張量來考慮，使攻螺紋時既有足夠的空隙來容納被擠出的材料，又能保證加工出來的螺紋具有完整的牙形，如圖 7-1-20 所示。

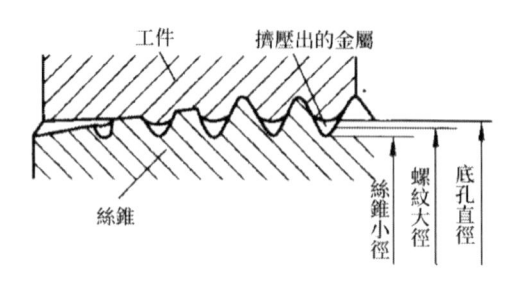

圖 7-1-20　攻螺紋前的擠壓現象

表7-1-6 螺紋底孔直徑的計算公式

被加工材料和擴張量	鑽頭直徑計算公式
鋼和其他塑性大的材料 擴張量中等	$D_0=D-P$
鑄鐵和其他塑性小的材料 擴張量較小	$D_0=D-(1.05 \sim 1.1)P$

攻不通孔螺紋時，一般取：鑽孔深度=所需螺孔深度+0.7D。

(2)攻螺紋要點(圖 7-1-21)。

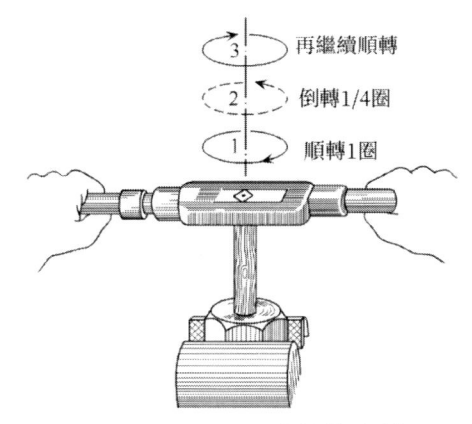

圖7-1-21　攻螺紋方法

①攻螺紋前，螺紋底孔的孔口要倒角，通孔螺紋兩端孔口都要倒角。這樣可使絲錐容易切入，並防止攻螺紋後孔口的螺紋崩裂。

②攻螺紋前，工件的裝夾位置要正確，應儘量使螺孔中心線置於水平面或處於豎直位置，其目的是攻螺紋時便於判斷絲錐是否垂直於工件平面。

③開始攻螺紋時，應把絲錐放正，用右手掌按住鉸杠中部沿絲錐中心線用力加壓，此時左手配合做順向旋進；或兩手握住鉸杠兩端平衡施加壓力，並將絲錐順向旋進，保持絲錐中心與孔中心線重合，不能歪斜。

當切削部分切入工件 1~2 圈時，用目測或直角尺檢查和校正絲錐的位置。當切削部分全部切入工件時，應停止對絲錐施加壓力，只需平穩地轉動鉸杠靠絲錐上的螺紋自然旋進。

④為了避免切屑過長咬住絲錐，攻螺紋時應經常將絲錐反方向轉動 1/4 至 1/2 圈，使切屑碎斷後容易排出。

⑤攻不通孔螺紋時，要經常退出絲錐，排除孔中的切屑。當將要攻到孔底時，更應及時排出孔底積屑，以免攻到孔底時絲錐被軋住。

⑥攻通孔螺紋時，絲錐校準部分不應全部攻出頭，否則會擴大或損壞孔口最後幾牙螺紋。

⑦絲錐退出時，應先用鉸杠帶動螺紋平穩地反向轉動，當能用手直接旋動絲錐時，應停止使用鉸杠，以防鉸杠帶動絲錐退出時產生搖擺和震動，破壞螺紋粗糙度。

⑧在攻螺紋過程中，換用另一支絲錐時，應先用手握住旋入已攻出的螺孔中。直到用手旋不動時，再用鉸杠進行攻螺紋。

⑨在攻材料硬度較高的螺孔時，應頭錐、二錐交替攻削，這樣可減輕頭錐切削部分的負荷，防止絲錐折斷。

⑩攻塑性材料的螺孔時，要加切削液。一般用機油或濃度較大的乳化液，要求高的螺孔也可用菜油或二硫化鉬等。

三、攻絲機

攻絲機是一種在機件殼體、設備端面、螺母、法蘭盤等各種具有不同規格的通孔或盲孔的零件的孔內側面加工出內螺紋、螺絲或牙扣的機械加工設備，如圖 7-1-22 所示。攻絲機也叫攻牙機、螺紋攻牙機、螺紋攻絲機、自動攻絲機等。根據驅動動力種類的不同，攻絲機可以分為手動攻絲機、氣動攻絲機、電動攻絲機和液壓攻絲機等；根據攻絲機主軸數目不同，可分為單軸攻絲機、二軸攻絲機、四軸攻絲機、六軸攻絲機、多軸攻絲機等；根據加工零件種類不同，攻絲機又可分為模內攻絲機、萬能攻絲機、熱打螺母攻絲機、法蘭螺母攻絲機、圓螺母攻絲機、六角螺母攻絲機、盲孔螺母攻絲機、防盜螺母攻絲機等多種型號；根據攻絲機加工過程的自動化程度不同，攻絲機可分為全自動攻絲機、半自動攻絲機和手動攻絲機等；根據攻絲機攻牙時是否同時鑽孔，攻絲機又分鑽孔攻絲機、擴孔攻絲機等。全自動攻絲機自動化程度最高，工作時只要把零件毛坯放入料斗中即可自動進料、自動定位、自動夾緊、自動攻牙、自動卸料，一個工人可以同時操作多台設備，生產效率高，可顯著節約勞動力成本。優質攻絲機具有設計新穎、結構合理、簡便易用、自動化程度高、使用方便、效率高、免維護、性價比極高等特點，優質的螺母攻絲機加工出的各種螺母螺紋光潔度高，成品合格率高。

圖7-1-22　攻絲機

四、廢品產生的原因分析(表 7-1-7)

表7-1-7　攻絲時產生廢品的原因分析

廢品類別	產生廢品的原因	改進方法
亂牙	(1)螺紋底孔直徑太小，絲錐不易切入，孔口亂牙 (2)換用二錐、三錐時，與已切出的螺紋沒有旋合好就強行攻削 (3)頭錐攻螺紋不正，用二錐、三錐時強行糾正 (4)對塑性材料未加切削液或絲錐不經常倒轉，而把已切出的螺紋啃傷 (5)絲錐磨鈍或刀刃有粘屑 (6)絲錐鉸杠掌握不穩，攻鋁合金等強度較低的材料時，容易被切爛	(1)根據工件材料，合理確定底孔直徑 (2)用手握住絲錐旋入已攻出的螺紋孔中，旋合準確後再用鉸杠加工 (3)頭錐加工螺紋時，一定要引正 (4)攻絲時要加切削液，並經常倒轉斷屑 (5)隨時清除鐵屑並檢查絲錐 (6)握鉸杠時，注意掌握平衡，兩手握平穩，用力不可過大
滑牙	(1)攻不通孔螺紋時，絲錐已到底仍繼續扳轉 (2)在強度較低的材料上攻較小螺孔時，絲錐已切出螺紋仍繼續加壓力，或攻完退出時連鉸杠轉出	(1)盲孔攻絲一定要勤檢查和做好標記 (2)螺紋切出後只需平穩轉動鉸杠讓絲錐自然旋進
螺孔攻歪	(1)絲錐位置不正 (2)機攻螺紋時，絲錐與螺孔不同心	(1)起攻時，絲錐要擺正並用直角尺檢查 (2)絲錐和工件裝夾要同軸

續表

廢品類別	產生廢品的原因	改進方法
螺紋牙深不夠	(1)攻螺紋前底孔直徑太大 (2)絲錐磨損	(1)準確計算不同材料的底孔直徑 (2)更換絲錐
螺紋中徑大(齒形瘦)	(1)在強度低的材料上攻螺紋時，絲錐切削部分全部切入螺孔後，仍對絲錐施加壓力 (2)機攻時，絲錐晃動，或切削刃磨得不對稱	(1)螺紋切出後只需平穩轉動鉸杠讓絲錐自然旋進 (2)選擇角度正確的絲錐，裝夾要穩固同軸

五、絲錐損壞原因分析(表 7-1-8)

表7-1-8　絲錐損壞原因

損壞形式	損壞原因	改進方法
崩牙或扭斷	(1)工件材料硬度太高，或硬度不均勻 (2)絲錐切削部分刀齒前、後角太大 (3)螺紋底孔直徑太小或圓杆直徑太大 (4)絲錐位置不正 (5)用力過猛，鉸杠掌握不穩 (6)絲錐沒有經常倒轉，致使切屑將容屑槽堵塞 (7)刀齒磨鈍，並粘附有積屑瘤 (8)未採用合適的切削液 (9)攻不通孔時，絲錐碰到孔底時仍在繼續扳轉	(1)對材料做熱處理或者更換材料 (2)選擇品質合格的絲錐和板牙 (3)準確計算不同材料的圓杆直徑和底孔直徑 (4)起攻或起套要引正 (5)操作要平穩、用力要均勻、平衡 (6)要經常倒轉鉸杠以斷屑 (7)更換絲錐或板牙，及時清除積屑瘤 (8)根據不同材料合理選用切削液 (9)勤檢查並做好標記

任務評價

對六角螺母內螺紋的加工品質，根據表7-1-9中的評分要求進行評價。

表7-1-9　六角螺母內螺紋加工情況評價表

評價內容	評價標準	分值	學生自評	教師評估
準備工作	準備充分	5分		
工具的識別	正確使用工具	5分		
絲錐的使用	正確使用	5分		
螺紋牙型完整	不亂牙、滑牙	10分		
螺母螺紋不歪斜	螺孔不歪斜	5分		

續表

評價內容	評價標準	分值	學生自評	教師評估
螺母孔口倒角至 $\phi 9$ mm	達到要求	5分		
表面粗糙度	達到要求	10分		
尺寸(18±0.05) mm (三組)	達到要求	20分		
螺母外形倒角	達到要求	15分		
安全文明生產	沒有違反安全操作規程	5分		
情感評價	按要求做	15分		
學習體會				

练一练

一、填空題(每題10分,共50分)

1. 螺紋牙形是指在通過螺紋＿＿＿＿＿＿上螺紋的輪廓形狀。
2. 螺距是指相鄰兩牙在中徑線上對應兩點間的＿＿＿＿＿＿。
3. 絲錐由工作部分和柄部組成，工作部分包括＿＿＿＿＿＿。
4. 攻不通孔螺紋時，一般取 鑽孔深度＝所需螺孔深度＋＿＿＿＿＿＿。
5. 在鋼件上加工M14×1.75的內螺紋，鑽底孔直徑為＿＿＿＿＿＿mm。

二、判斷題(每題10分,共50分)

1. 通常手用絲錐中 M6～M24 的絲錐為兩支一套。　　　　　　（　　）
2. 攻螺紋前，螺紋底孔孔口要倒角。　　　　　　　　　　　　（　　）
3. 用鉸杠攻絲時，可用一隻手轉動鉸杠一端進行攻螺紋加工。　（　　）
4. 螺紋切出後只需平穩轉動鉸杠讓絲錐自然旋進。　　　　　　（　　）
5. 攻絲時要加切削液，並經常倒轉斷屑。　　　　　　　　　　（　　）

鉗工基本技能

任務二 套雙頭螺柱的外螺紋

任務目標

(1)能識別板牙類型。
(2)會使用套絲工具。
(3)能正確地進行外螺紋加工操作。

任務分析

本任務的主要內容是應用前面所學的知識和技能進行操作。再結合本任務，使用套絲工具，加工出合格的外螺紋工件。如圖 7-2-1 所示。

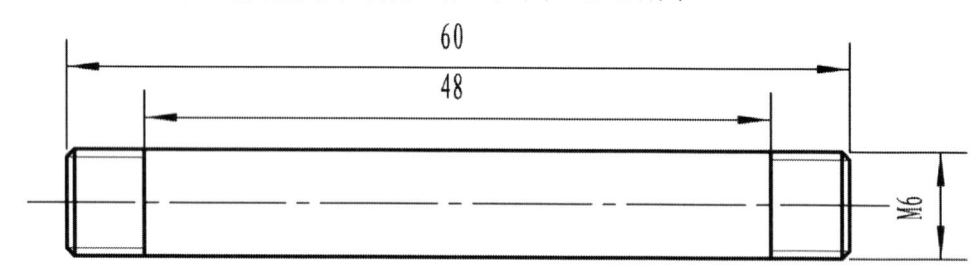

技術要求：
未注倒角為直徑方向0.6mm, 與軸線成20°角。

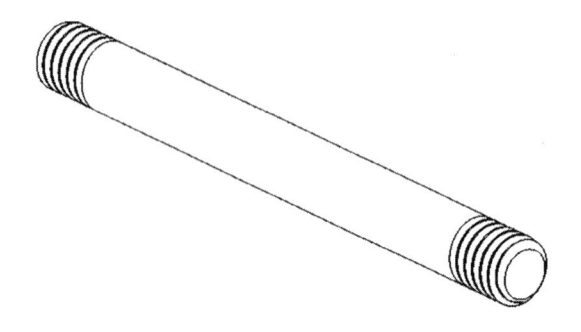

圖 7-2-1 套絲任務、螺杆加工

套絲是一項技術要求較高的技能操作工作，如果起套偏斜，就會造成加工的螺杆外形的垂直度無法保證。完成本次任務需要工具：鉸杠。刀具：M6 板牙、300mm 大銼刀、150mm 細齒銼刀。量具：高度遊標卡尺、遊標卡尺。輔助工具：台虎鉗。零件的材料：φ6mm×60mm 的圓鋼一塊。要求在劃線平板上進行基本線條劃線，車床上進行圓鋼加工，最後在台虎鉗上進行銼削和套絲。達到外形美觀，螺紋合格，表面粗糙度均勻，尺寸精度符合要求。

任務實施

一、工具、量具的準備(表 7-2-1)

表 7-2-1　工具、量具準備清單

序號	名稱	規格	數量
1	高度遊標卡尺	0～300mm	1 把/組
2	劃線平板		1 張/組
3	板牙	M6	1 只/組
4	板牙架(板牙鉸杠)		1 只/組
5	大銼刀	300 mm	1 把/人
6	細齒銼刀	150 mm	1 把/人

二、螺杆製作

1.下料

用手鋸鋸割得到 φ6×60mm 的圓鋼（已經車削好）一件。預留 1~2mm 銼削加工餘量，如圖 7-2-2 所示。

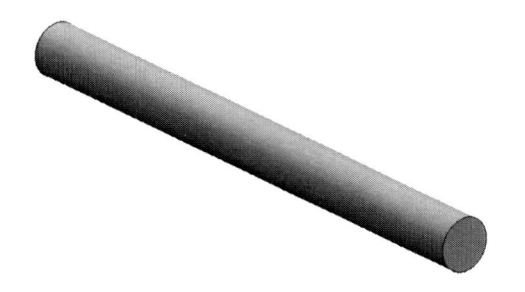

圖 7-2-2　下料

2.銼削外圓及兩端面、端面倒角

用圓弧銼削的方法，加工出 φ5.8×6mm 的臺階軸，再進行端面倒角 0.6mm,注意與軸線的角度為 20°，如圖 7-2-3 所示。

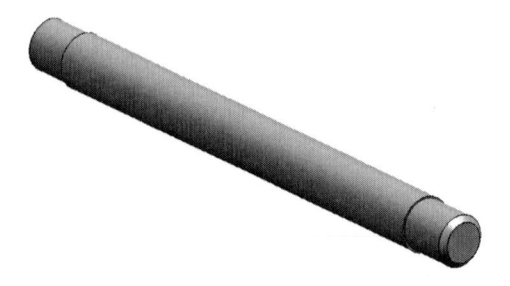

圖 7-2-3　銼削

3.套絲

套絲，可加少量機油，可用角尺從兩個方向（角尺旋轉 90°）檢查板牙端面是否和螺杆軸線垂直，避免牙型歪斜。注意用力均勻，防止斷牙。正常套絲後，要及時進行斷屑動作處理。套絲完畢，用標準的螺母進行檢查。如圖 7-2-4 所示。

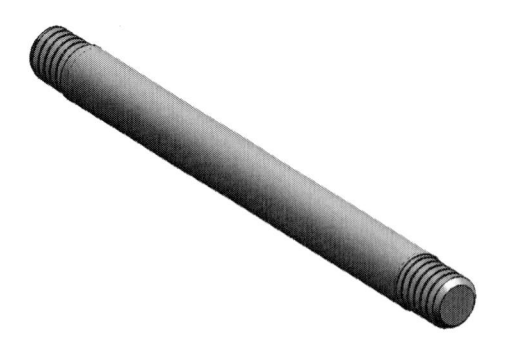

圖 7-2-4　套絲

4.檢查

將項目七任務一製作的螺母和螺杆進行裝配檢查，如圖 7-2-5 所示。

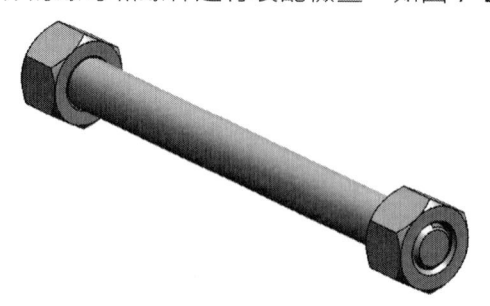

圖 7-2-5　裝配檢查

做一做

我們上面已學習了套絲的相關知識和各種工具的使用方法，並進行了任務練習，下面來做一做另一規格的螺杆的練習，看誰做得又好又快。

備料直徑 φ8×60mm 的圓鋼，如圖 7-2-6 所示。根據前面練習方法和工藝步驟（也可以自己制訂工藝方法和步驟），然後和其他同學互相評價，最後教師給你評定並計分。

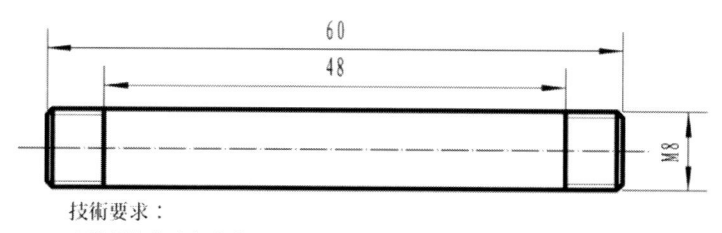

技術要求：
未注倒角為直徑方向0.6mm，與軸線成20°角。

圖 7-2-6　練習圖

相關知識

用板牙在圓杆或管子上進行切削加工外螺紋的方法稱為套螺紋。

一、套螺紋工具

1. 圓板牙

外形像一個圓螺母，只是在它上面鑽有幾個排屑孔並形成刀刃。板牙是加工外螺紋的刀具，用合金工具鋼 9SiGr 製成，並經熱處理淬硬。板牙由切屑部分、定位部分和排屑孔組成。圓板牙螺孔的兩端有 40°的錐度部分，是板牙的切削部分。定位部分起修光作用。板牙的外圓有一條深槽和四個錐坑，錐坑用於定位和緊固板牙。如圖 7-2-7 所示。

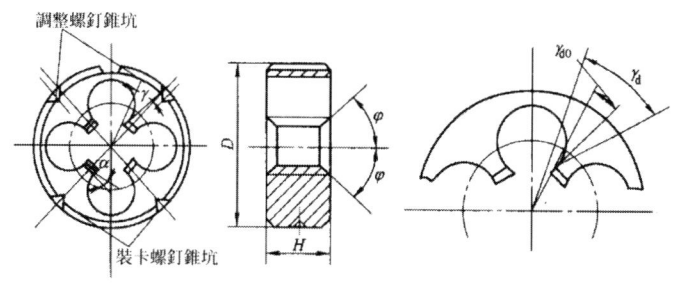

圖 7-2-7　圓柱板牙

2.管螺紋板牙

管螺紋板牙分圓柱管螺紋板牙和圓錐管螺紋板牙。圓柱管螺紋板牙的結構與圓錐板牙相仿。圓錐管螺紋板牙的基本結構也與圓柱管螺紋板牙相仿，只是在單面製成切削錐，只能單面使用。圓錐管螺紋板牙所有刀刃均參與切削，所以切削時很費力。板牙的切削長度影響管螺紋牙形的尺寸，因此套螺紋時要經常檢查，不能使切削長度超過太多，只要將配件旋入後能滿足要求就可以了。如圖 7-2-8 所示。

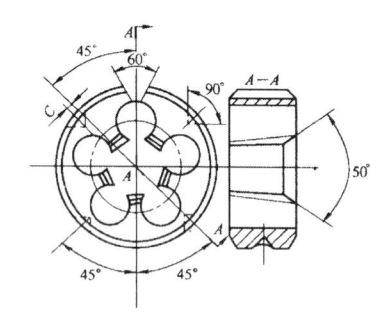

圖 7-2-8　圓錐管螺紋板牙

3.板牙鉸杠

板牙鉸杠是手工套螺紋時的輔助工具。板牙鉸杠的外圓旋有四隻緊固螺釘和一隻調松螺釘。使用時，緊固螺釘將板牙緊固在鉸杠中，並傳遞套螺紋時的扭矩。當使用的圓板牙帶有 "V" 形調整槽時，通過調節上面四隻緊固螺釘，可使板牙螺紋直徑在一定範圍內變動。如圖 7-2-9 和圖 7-2-10 所示。

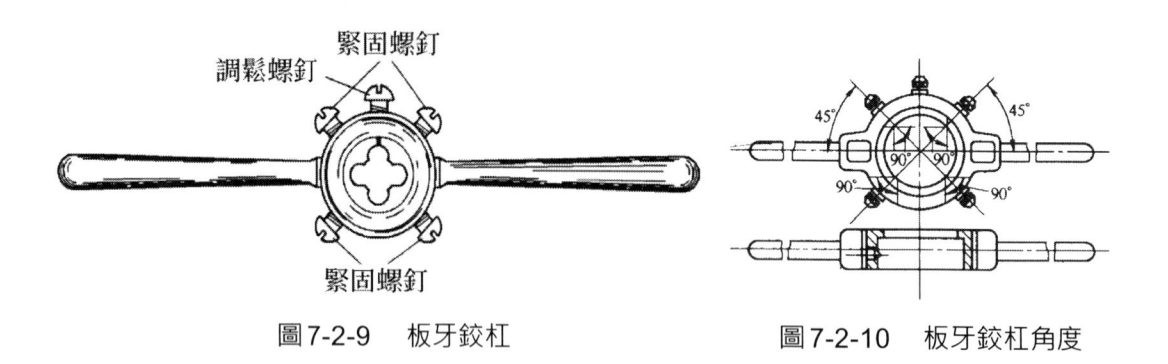

圖 7-2-9　板牙鉸杠　　　　圖 7-2-10　板牙鉸杠角度

二、套螺紋方法

1.套螺紋前圓杆直徑的確定

$$d_o \approx d-(0.13 \sim 0.2)P$$

式中:d_o代表圓杆直徑;d代表螺紋大徑;P代表螺紋的螺距。

2.套螺紋要點

（1）為使板牙容易對準工件和切入工件，套螺紋前圓杆端部應倒角。倒角長度應大於一個螺距 P，斜角為 15°~20°。使圓杆端部要倒成圓錐斜角的錐體。錐體的最小直徑可以略小於螺紋小徑 d1，使切出的螺紋端部避免出現鋒口和卷邊而影響螺母的擰入，如圖 7-2-11 所示。

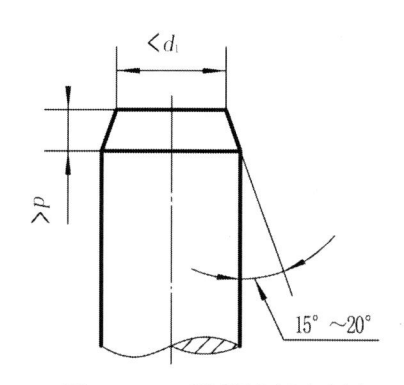

圖 7-2-11 圓杆端部應倒角

（2）為了防止圓杆夾持出現偏斜和夾出痕跡，圓杆應裝夾在用硬木製成的"V"形鉗口或軟金屬製成的襯墊中，在加襯墊時圓杆套螺紋部分離鉗口要儘量近。

（3）套螺紋時，應保持板牙端面與圓杆軸線垂直，否則套出的螺紋兩面會深淺不一，甚至亂牙。

（4）在開始套螺紋時，可用手掌按住板牙中心，適當施加壓力並轉動鉸杠。當板牙切入圓杆 1~2 圈時，應目測檢查和校正板牙的位置。當板牙切入圓杆 3~4 圈時，應停止施加壓力，只需要平穩地轉動鉸杠，靠板牙螺紋自然旋進套螺紋。

（5）為了避免切屑過長，套螺紋過程中板牙應經常倒轉。

（6）在鋼件上套螺紋時要加切削液，以延長板牙的使用壽命，減小螺紋的表面粗糙度。

3.套絲操作方法

套絲與攻絲在操作步驟和操作方法上十分相似。裝夾檢查時，要使切削刀具垂直於工件（套絲：板牙平面與圓杆垂直；攻絲：頭錐與孔口平面垂直）。開始時用加壓旋轉方式進行切削，力求刀具與工件保持垂直。在切削過程中要及時倒轉刀具斷去切屑。與攻絲不同之處主要表現為板牙裝入板牙鉸手的方法與絲錐裝入的方法有所不同。觀察板牙模具，認出板牙有斜角一面的特徵：該面刀齒圍成的內圓孔口要比另一面孔口稍大一些。通常板牙有斜角的一面上無字。如圖 7-2-12 所示。

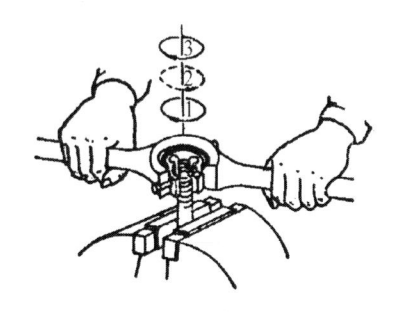

圖 7-2-12　套螺紋方法

三、套螺紋時廢品分析(表 7-2-2)

表7-2-2　套螺紋時產生廢品的原因分析

廢品類別	產生廢品的原因	改進方法
亂牙	(1)圓杆直徑太大 (2)板牙磨鈍 (3)套螺紋時 板牙沒有經常倒轉 (4)鉸杠掌握不穩，套螺紋時 板牙左右搖擺 (5)板牙歪斜太多 套螺紋時強行修正 (6)板牙刀刃上具有積屑瘤 (7)用帶調整槽的板牙套螺紋，第二次套螺紋時板牙沒有與已切出螺紋旋合 就強行套螺紋 (8)未採用合適的切削液	(1)準確計算不同材料的圓杆直徑 (2)更換合格板牙 (3)套螺紋時 板牙要及時倒轉斷屑 (4)操作要平穩，用力要均勻 平衡 (5)起攻時要套正 (6)儘量避免積屑瘤產生，及時清除積屑瘤 (7)手握住板牙旋入已套出的螺紋中，旋合準確後再用鉸杠加工 (8)根據不同材料合理選用切削液
螺紋歪斜	(1)板牙端面與圓杆不垂直 (2)用力不均勻 鉸杠歪斜	(1)起套時要用直角尺檢查垂直度 (2)操作要平穩，用力要平衡而均勻
螺紋中徑小(齒形瘦)	(1)板牙已切入 仍施加壓力 (2)由於板牙端面與圓杆不垂直而多次糾正 使部分螺紋切除過多	(1)螺紋切出後只需平穩轉動鉸杠讓板牙自然旋進 (2)起套時要用直角尺檢查垂直度，保證垂直度後再加工
螺紋牙深不夠	(1)圓杆直徑太小 (2)用帶調整槽的板牙套螺紋時，直徑調節太大	(1)準確計算不同材料的圓杆直徑 (2)調整板牙時，用合格螺杆檢查板牙直徑

四、板牙損壞分析(表7-2-3)

表7-2-3 板牙損壞原因分析

損壞形式	損壞原因	改進方法
崩牙或扭斷	(1)工件材料硬度太高或硬度不均勻 (2)板牙切削部分刀齒前、後角太大 (3)板牙位置不正 (4)用力過猛、鉸杠掌握不穩 (5)板牙沒有經常倒轉，使切屑將容屑槽堵塞 (6)刀齒磨鈍，並粘附有積屑瘤 (7)未採用合適的切削液 (8)套臺階旁的螺紋時，板牙碰到臺階仍在繼續扳轉	(1)對材料做熱處理或者更換材料 (2)選擇品質合格的絲錐和板牙 (3)起攻或起套要引正 (4)操作要平穩、用力要均勻、平衡 (5)要經常倒轉鉸杠以斷屑 (6)更換板牙，及時清除積屑瘤 (7)根據不同材料合理選用切削液 (8)套螺紋前要檢查測量操作是否受限並做好標記，一旦受限要及時停止操作

任務評價

對雙頭螺柱的加工品質，根據表7-2-4中的評分要求進行評價。

表7-2-4 雙頭螺柱加工情況評價表

評價內容	評價標準	分值	學生自評	教師評估
準備工作	準備充分	5分		
工具的識別	正確使用工具	5分		
圓板牙的使用	正確使用	5分		
螺紋牙型完整	不亂牙	10分		
螺紋垂直	螺紋不得歪斜(兩處)	15分		
螺紋牙深正確	圓杆直徑大小正確(兩處)	15分		
螺杆倒角	正確	10分		
長度尺寸正確	正確	10分		
安全文明生產	沒有違反安全操作規程	10分		
情感評價	按要求做	15分		
學習體會				

练一练

一、填空題(每題10分,共50分)

1.螺紋大徑是指與外螺紋牙頂或內螺紋牙底相切的假想圓柱或圓錐的直徑。國標規定：米制螺紋的大徑是代表螺紋尺寸的直徑，稱為_____。

2.板牙是加工外螺紋的刀具，材料用_____製成。

3.加工M14×1.75外螺紋，圓杆直徑一般取_____mm。

4.為使板牙容易對準工件和切入工件，套螺紋前圓杆端部應倒角。倒角長度應大於_____，斜角為15°～20°。

5.用板牙在圓杆或管子上_____的方法稱為套螺紋。

二、判斷題(每題10分,共50分)

1.圓杆直徑過大，會產生螺紋牙深不夠。　　　　　　　　　　　　　(　　)

2.套外螺紋時，螺紋易歪斜，產生的原因是起套時板牙端面與圓杆不垂直。(　　)

3.套螺紋時，板牙沒有經常倒轉易產生螺紋亂牙。　　　　　　　　　(　　)

4.套螺紋時，一般不用切削液。　　　　　　　　　　　　　　　　　(　　)

5.在開始套螺紋時，可用手掌按住板牙中心，適當施加壓力並轉動鉸杠。(　　)

項目八　研磨工件

鉗工中的研磨是利用塗敷或壓嵌在研具上的磨料顆粒，通過研具與工件在一定壓力下的相對運動對加工表面進行的精整加工（同時微量切削加工）。如下圖所示。研磨可用於加工各種金屬和非金屬材料，加工的表面形狀有平面、圓弧面及其他形面。加工精度可達 IT1～IT5，表面粗糙度 Ra 可達 0.01～0.63μm。

研磨是提高工件加工品質的一種操作技能。如研磨機床工作臺面、機床導軌面、精密工具接觸面、有密封要求的接觸面、軸瓦及其他有較高尺寸精度、表面品質要求的工件等，都需要用刮削和研磨方法進行加工才能最終達到要求。

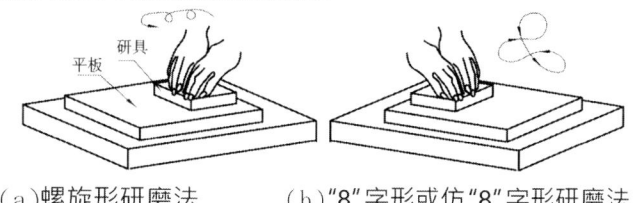

(a)螺旋形研磨法　　(b)"8"字形或仿"8"字形研磨法

研磨工件

目標類型	目標要求
知識目標	(1)知道研磨加工安全操作規程 (2)知道研磨加工工具(研具) (3)能正確地使用研磨工具 (4)知道研磨料 研磨液 研磨膏 研磨劑
技能目標	(1)能在遵守安全操作規程的前提下使用研磨工具 (2)能正確根據被研磨工件的材料選用合適的研磨劑(用研磨液配置)和研磨料 (3)能用準確的研磨方法加工出滿足技術要求的表面
情感目標	(1)能養成根據技術要求自主安排加工工藝的工作習慣 (2)能在工作中和同學協作完成任務 (3)能意識到規範操作和安全作業的重要性

任務 研磨刀口形直尺的平面

任務目標

(1) 會使用研磨工具。

(2) 能識別並選用合適的研磨料、研磨膏與研磨液。

(3) 能正確進行平板研磨加工操作。

任務分析

研磨平板（研磨平臺）是一種為了能夠保證工件精度和表面光潔度，而利用塗敷或壓嵌在研磨平板上的磨料顆粒，通過研磨平板與工件在一定壓力下的相對運動對工件（平臺）表面進行的精整加工而衍生出一種鑄鐵平板，如圖 8-1-1 所示。

研磨加工中有一種在嵌有金剛砂磨料（磨料）的平板上進行磨砂的形式,在這種形式中研具是必不可少的主要工具，該研具稱為嵌砂研磨平板。研磨平板具有組織均勻,結構緻密,無砂眼氣孔，疏鬆等優點。上砂容易,砂粒分佈均勻豐富，砂粒嵌入牢固，切削性能強。表面光潔，油亮，呈天藍色，耐磨性好。

研磨平臺特性:（1）操作簡單，上砂快，嵌砂量足，使用後仍十分容易上同類型砂，經過打磨後,光潔度顯著提高。（2）容易得到量塊所需的較高光潔度和研合性,工件鏡面光亮。

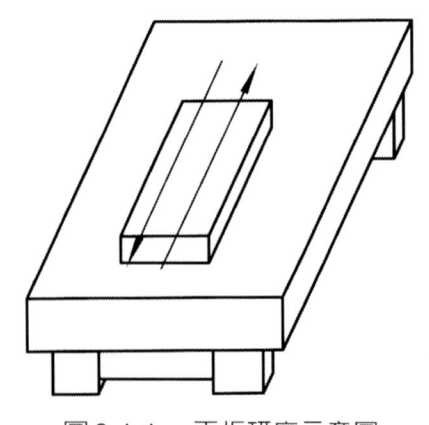

圖 8-1-1　平板研磨示意圖

任務實施

一、工具、量具的準備(表 8-1-1)

表8-1-1　工具 量具準備清單

序號	名稱	規格	數量
1	百分表	0.01 mm	1把/組
2	標準平板		1塊/組
3	百分表座		1套/組
4	研磨用平板毛坯	100 mm×200 mm	3塊/組
5	研磨劑(膏)	粗	1支/組
6	研磨劑(膏)	細	1支/組
7	研磨塊	粗 中 細	1套/組
8	機油		
9	脫脂棉花		
10	導靠塊		1件/組
11	刀口形直尺	200 mm	1把/組

二、平板研磨

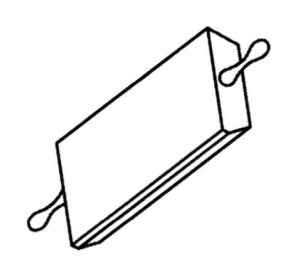

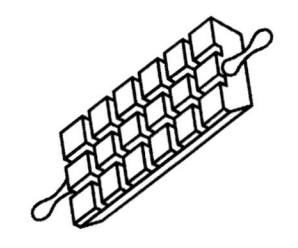

(a)精研平板　　　(b)粗研平板

圖8-1-2　平板

1.研具準備

選用標準平板。粗研時平板可以開槽，以免研磨劑浮在平板表面上，如果要練習精研磨，則選用鏡面平板。如圖 8-1-2 所示。

2.研磨劑準備

一般直接選用市面出售的研磨膏直接加機油調和即可。研磨鋼件用剛玉類研磨膏；研磨硬質合金、玻璃、陶瓷和半導體工件一般用碳化矽、碳化硼類研磨膏；研磨精細拋光或非金屬類件一般用氧化鉻類研磨膏；研磨鎢鋼模具、光學模具、注塑模具等工件一般用金剛石類研磨膏。顆粒方面，粗研一般用 F600 顆粒的，精研一般用 F3000 顆粒的。如果自己配置，可以選擇以下配方。

①粗研：白剛玉（W14）14g，硬脂酸 8g，蜂蠟 1g，油酸 15g，航空汽油 80g 混合調製。

②精研：精鋼砂 40%，氧化鉻 20%，硬脂酸 25%，電容器油 10%，煤油 5% 混合調製。

3.小平板工件準備及上料（加研磨劑）

準備練習用的小平板 3 塊，上料可以用以下兩種方法。

①壓嵌法：在三塊平板毛坯上加研磨劑，用原始研磨法輪換嵌砂，使得研磨劑顆粒均勻嵌入平板內。也可以用經過淬火發熱的圓鋼棒子均勻壓入平板。

②塗敷法：直接將研磨劑塗抹在工件（小平板）或者標準平板上。缺點是均勻性可能要差一些。

4.平板研磨

按圖 8-1-3 所示方法進行研磨練習。注意：壓力大小適中，速度要均勻，速度不宜快，避免工件發熱，降低表面品質。

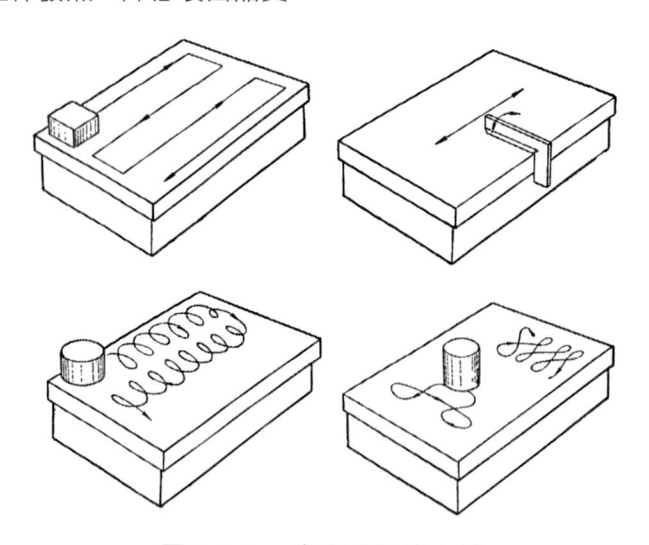

圖 8-1-3　寬平面研磨方法

研磨的動作路線參照圖 8-1-3 所示。注意動作要圓滑自然、用力輕柔平穩，不能用爆發力，正如古人說的"磨墨如病夫"。粗研速度控制在每分鐘 50 次；精研速度控制在每分鐘 30 次。

5.精度檢查

在標準平板上用百分表或者刀口形直尺檢查，平面度要求在 0.01mm 以內。表面粗糙度達到 0.4μm 以內。

做一做

我們上面已學習了研磨的相關知識和各種工具的使用方法，並進行了任務練習，下面來做一做另一零件：角尺的研磨練習，如圖 8-1-4 所示，看誰做得又好又快。備料：報廢的刀口形直尺，根據前面練習方法和工藝步驟（也可以自己制訂工藝方法和步驟），然後和其他同學互相評價，最後教師給你評定並計分。

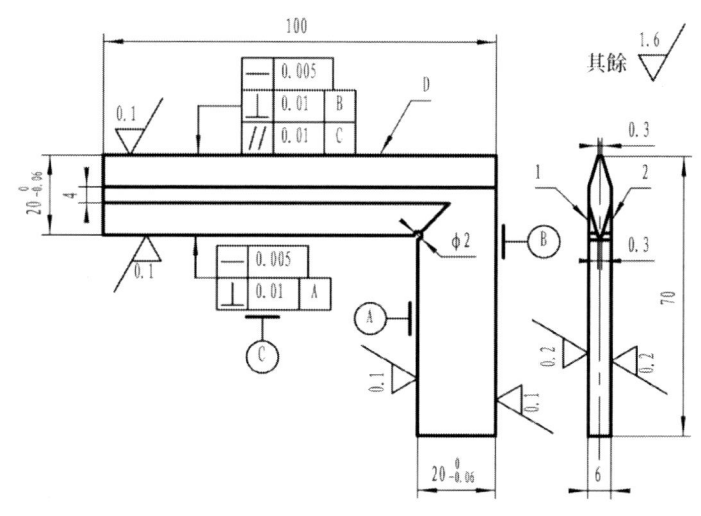

圖 8-1-4 角尺研磨練習圖

參考工藝見表8-1-2：

表 8-1-2 刀口形直尺研磨加工工藝

步驟	工藝方法及工藝步驟	備註
研磨刀口形直尺平面1、2	用研磨粉對刀口形直尺1、2兩平面做研磨，要求全部研磨到位，表面粗糙度 $Ra \leq 0.2\mu m$。	
研磨A面	A面是基準面，研磨時將工件緊靠在導靠塊上，兩手平穩推動工件和導靠塊做縱向和橫向直線運動，遍及研磨平板整個板面，使A面的直線度、表面粗糙度達到圖紙要求	
研磨C面	工件側面緊靠導靠塊在研磨平板外緣做直線運動，使C面的直線度、表面粗糙度、C面與A面的垂直度符合圖紙要求	

續表

步驟	工藝方法及工藝步驟	備註
研磨B面	研磨要領與A面相似,依靠導靠塊研磨,使B面粗糙度、直線度、B面與A面的平行度符合圖紙要求	
研磨D面(100 mm長面)	研磨要領與C面相似。依靠導靠塊研磨,使D面的直線度、表面粗糙度、尺寸精度、D面與B面的垂直度、D面與C面的平行度符合要求。研磨D面時,注意不要損傷C面,可以用夾套保護C面	
備註:研磨步驟:先研磨直角件兩側面,再按A─C─B─D次序研磨四個面(可用報廢的刀口形直尺練習)。可用高精度的直尺或00級精度的刀口形直尺結合粗糙度樣板做檢驗工具		

相關知識

一、研磨及其工藝特點

1.研磨的基本原理

用研磨工具和研磨劑從工件上研去一層極薄表面層的精加工方法稱為研磨。研磨是一種精加工,能使工件獲得精確的尺寸和極小的表面粗糙度。經研磨的工件,其耐磨性、抗腐蝕性和疲勞強度也都相應提高,延長了工件的使用壽命。在汽車製造和修理行業中均有應用,如研磨發動機氣門、氣門座、高壓油泵柱塞閥、噴油嘴等。研磨加工的基本原理包括物理和化學兩方面的作用。

(1)物理作用。研磨時,塗在研具表面的磨料被壓嵌入研具表面成為無數切削刃,當研具和被研工件做相對運動時,磨料對工件產生擠壓和切削作用。

(2)化學作用。有些研磨劑易使金屬工件表面氧化,而氧化膜又容易被磨掉,因此研磨時,一方面氧化膜不斷產生,另一方面又迅速被磨掉,從而提高了研磨效率。

2.研磨的工藝特點

研磨是一種切削量很小的精密加工,研磨餘量不能過大,通常餘量在0.005~0.03mm。如研磨面積較大或形狀精度要求較高時,則研磨餘量可取較大值,可根據工件的公差來確定。研磨有以下特點:

(1)使工件表面獲得很小的表面粗糙度。工件經研磨後表面粗糙度 Ra 一般可達到 1.6~0.1μm,最小 Ra 值可達到 0.012μm。

(2)使工件獲得極高的尺寸精度和形狀位置精度。工件經研磨後尺寸精度可達到 0.001~0.002mm,平面度可達到 0.03μm,同軸度可達到 0.3μm。

（3）能明顯提高工件的耐磨性和耐腐性，延長工件的使用壽命。

（4）研磨具有設備簡單，操作方便，加工餘量小等工藝特點。研磨方法一般可分為濕研、乾研和半乾研 3 類。

①濕研。又稱敷砂研磨，把液態研磨劑連續加注或塗敷在研磨表面，磨料在工件與研具間不斷滑動和滾動，形成切削運動。濕研一般用於粗研磨，所用微粉磨料細微性粗於 W7。

②乾研。又稱嵌砂研磨，把磨料均勻地壓嵌在研具表面層中，研磨時只需在研具表面塗以少量的硬脂酸混合脂等輔助材料。乾研常用於精研磨，所用微粉磨料細微性細於 W7。

③半乾研。類似濕研，所用研磨劑是糊狀研磨膏。研磨既可用手工操作，也可在研磨機上進行。

二、研具

研具是研磨時決定工件表面形狀的標準工具，同時又是研磨劑的載體。研具的材料應有較高的幾何精度和較小的表面粗糙度，組織細緻、均勻，有較好的剛性和耐磨性，易嵌存磨料，研具工作面的硬度應稍低於工件的硬度，常用的材料有灰鑄鐵、球墨鑄鐵、軟鋼、銅等。濕研研具的金相組織以鐵素體為主；乾研研具則以均勻細小的珠光體為基體。研磨 M5 以下的螺紋和形狀複雜的小型工件時，常用軟鋼研具。研磨小孔和軟金屬材料時，大多採用黃銅、紫銅研具。研具在研磨過程中也受到切削和磨損，如操作得當，它的精度也可得到提高，使工件的加工精度能高於研具的原始精度。研具有不同的類型，常用的有研磨平板、研磨環、研磨棒等，如圖 8-1-5 所示。

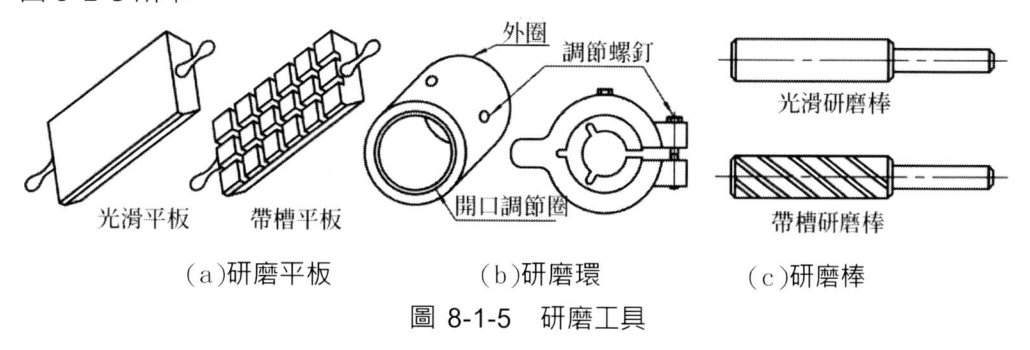

(a) 研磨平板　　(b) 研磨環　　(c) 研磨棒

圖 8-1-5　研磨工具

三、磨料、研磨劑與研磨液

1. 磨料

磨料在研磨中起切削作用，常用的磨料有以下三類：

（1）氧化物磨料。氧化物磨料有粉狀和塊狀兩種，主要用於碳素工具鋼、合金工具鋼、高速工具鋼和鑄鐵工件的研磨。

（2）碳化物磨料。碳化物磨料呈粉狀，它的硬度高於氧化物磨料，除了用於一般鋼材製件的研磨外，主要用來研磨硬質合金、陶瓷之類的高硬度工件。

（3）金剛石磨料。金剛石磨料分為人造與天然兩種，其切削能力、硬度比氧化物磨料都高，實用效果也好。一般用於硬質合金、寶石、瑪瑙、陶瓷等高硬度材料的精研加工。

表 8-1-3　磨料的種類與用途

系列	磨料名稱	代號	特性	使用範圍
氧化鋁系	棕剛玉	GZ(A)	棕褐色、硬度高、韌性大、價格便宜	粗精研磨鋼、鑄鐵、黃銅
	白剛玉	GB(WA)	白色、硬度比棕剛玉高、韌性比棕剛玉差	精研磨淬火鋼、高速鋼、高碳鋼及薄壁零件
	鉻剛玉	GG(PA)	玫瑰紅或紫色、韌性比白剛玉高、磨削粒粗糙度值低	研磨量具、儀錶零件等
	單晶剛玉	GD(SA)	淡黃色或白色、硬度和韌性比白剛玉高	研磨不鏽鋼、高釩高速鋼等高強度、韌性大的材料
碳化物系	黑碳化矽	TH(C)	黑色有光澤、硬度比白剛玉高、脆而鋒利、導熱性和導電性良好	研磨鑄鐵、黃銅、鋁、耐火材料及非金屬
	綠碳化矽	TL(GC)	綠色、硬度和脆性比黑碳化矽高、導熱性和導電性良好	研磨硬質合金、寶石、陶瓷、玻璃等材料
	碳化硼	TP(BC)	灰黑色、硬度僅次於金剛石、耐磨性好	精研和拋光硬質合金、人造寶石等硬質材料
金剛石系	人造金剛石		無色透明或淡黃色、黃綠色、黑色，硬度高、比天然金剛石脆、表面粗糙	粗精研磨質合金、人造寶石、半導體等高硬度脆性材料
	天然金剛石		硬度最高、價格昂貴	
其他	氧化鐵		紅色至暗紅色、比氧化鉻軟	精研磨或拋光鋼、玻璃等材料
	氧化鉻		深綠色	

磨料的粗細用細微性來表示，磨料標準 GB2477-1983①規定細微性用 41 個細微性代號來表示，顆粒尺寸大於 50μm 的磨粒用篩網法測定，細微性號有 4 號、5 號……240 號共 27 種,細微性號數字愈大，磨料愈細；顆粒尺寸很小的磨料用顯微鏡測定，W 表示微粉，數字表示實際寬度，有 W63、W50……W05 共 15 種，這一組號數愈大，磨粒愈粗。各類磨料的應用情況見表 8-1-4。

---

① 編輯注：磨料現行標準為 GB/T 248101-1998,具體內容可在互聯網上查找。

表 8-1-4　磨料細微性選

號數	研磨加工類別	表面粗糙度品質
W100～W50	用於最初的研磨加工	
W40～W20	用於粗研磨加工	$Ra0.2～0.4\ \mu m$
W40～W20	用於半精研磨加工	$Ra0.1～0.2\ \mu m$
W5以下	用於精研磨加工	$Ra0.1\ \mu m$以下

2.研磨液

研磨液在研磨中起調和磨料、冷卻和潤滑的作用。研磨液大體上分成油劑及水劑兩類。

油劑研磨液有航空汽油、煤油、變壓器油及各種植物油、動物油及烴類，配以若干添加劑組成。水劑研磨液由水及各種皂劑配製而成。油劑主要是黏度、潤滑及防鏽性能好，清洗必須配以有機溶劑，有環境污染及費用較高等缺點。水劑則是防銹能力差。

工作中要求研磨液應具備以下條件：

（1）有一定的稠度和稀釋能力。磨料通過研磨液的調和與研具表面有一定的粘附性，才能使磨料對工件產生切削作用。

（2）有良好的潤滑冷卻作用。

（3）對操作者健康無害，對工件無腐蝕作用，且易於洗淨。

3.研磨劑

用磨料、研磨液和輔助材料（石蠟、蜂蠟等填料和黏性較大而氧化作用較強的油酸、脂肪酸、硬脂酸等）製成的混合劑，習慣上也列為磨具的一類。研磨劑用於研磨和拋光，使用時磨粒呈自由狀態。由於分散劑和輔助材料的成分和配合比例不同，研磨劑有液態、膏狀和固體 3 種。一般工廠均使用成品的研磨膏，使用時加適量的機油調和稀釋即可製成研磨劑。

液態研磨劑不需要稀釋即可直接使用。膏狀的研磨劑常稱作研磨膏,可直接使用或加研磨液稀釋後使用,用油稀釋的稱

為油溶性研磨膏；用水稀釋的稱為水溶性研磨膏。固體研磨劑(研磨皂)常溫時呈塊狀，可直接使用或加研磨液稀釋後使用。

四、研磨的方法

　　1.一般平面研磨方法

　　平面研磨時，首先要用壓嵌法或塗敷法加上磨料，壓嵌法是用工具（淬硬壓棒或者三板互研）將研磨劑均勻嵌入平板，研磨品質較高；塗敷法是將研磨劑塗敷在工件和研具上，磨料難以分佈均勻，品質不及壓嵌法高。正確處理好研磨的運動軌跡是提高研磨品質的重要條件。在平面研磨中，一般要求：

　　（1）工件相對研具的運動，要儘量保證工件上各點的研磨行程長度相近。

　　（2）工件運動軌跡均勻地遍及整個研具表面，以利於研具均勻磨損。

　　（3）運動軌跡的曲率變化要小，以保證工件運動平穩。

　　（4）工件上任一點的運動軌跡儘量避免過早出現週期性重複。工件可沿平板全部表面，按直線、"8"字形、仿"8"字形、螺旋形運動等軌跡進行研磨。圖 8-1-3 所示為常用的平面研磨運動軌跡。

　　（5）研磨時工件受壓均勻，壓力大小適中。壓力大，切削量大，表面粗糙度值大；反之切削量小，表面粗糙度值小。為了減少切削熱，研磨一般在低壓低速條件下進行。粗研的壓力不超過 0.3MPa，精研壓力一般採用 0.03～0.05MPa。

　　（6）手工研磨時速度不應太快：手工粗研磨時，每分鐘往復 20～60 次左右；手工精研磨時，每分鐘 20～40 次左右（粗研速度一般為 20～120m/min，精研速度一般取 10～30m/min）。

　　2.狹窄平面研磨方法

　　狹窄平面研磨時為防止研磨平面產生傾斜和圓角，研磨時應用金屬塊做成"導靠塊"，採用直線研磨軌跡。如圖 8-1-6 所示。若工件要研磨成半徑為 R 的圓角，則採用擺動式直線研磨運動軌跡。

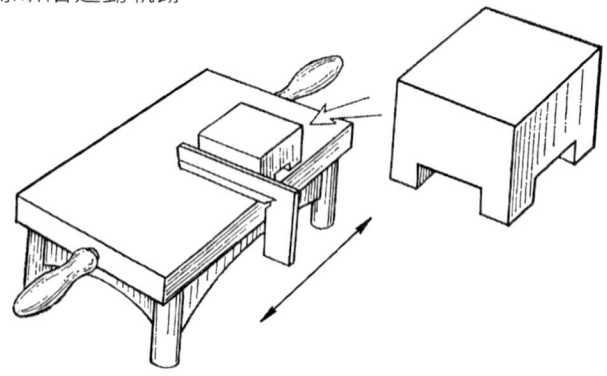

圖 8-1-6　窄平面(刀口形直尺面)導靠塊研磨

3.圓柱面的研磨方法

圓柱面研磨一般是手工與機器配合進行研磨。工件由車床或鑽床帶動旋轉，其上均勻塗布研磨劑，用手推動研磨環在旋轉的工件上沿軸線方向做反覆運動研磨。一般機床轉速：直徑小於 80mm 時為 100r/min；直徑大於 100mm 時為 50r/min。當出現 45°交叉網紋時，說明研磨環移動速度適宜。如圖 8-1-7 所示。

圓柱孔研磨時，可將研磨棒用車床卡盤夾緊並轉動，把工件套在研磨棒上進行研磨。機體上大尺寸孔應儘量置於垂直地面方向，進行手工研磨。

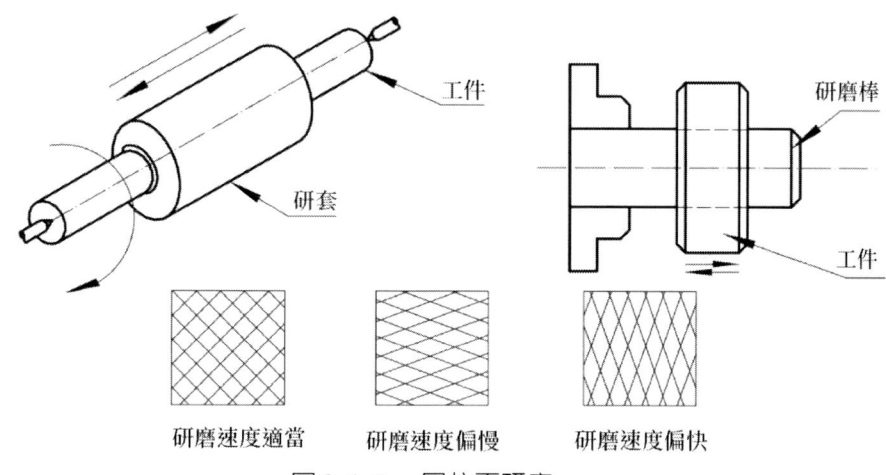

圖 8-1-7　圓柱面研磨

五、刮削

刮削的作用是提高互動配合零件之間的配合精度和改善存油條件。刮刀對工件表面有推擠和壓光作用，對工件表面的硬度也有一定的提高。刮削後留在工件表面的小坑可存油，使配合工件在做往復運動時有足夠的潤滑而不致過熱引起拉毛現象。刮削是用刮刀在加工過的工件表面上刮去微量金屬，以提高表面精度、改善配合表面間接觸狀況的鉗工作業。刮削是機械製造和修理中最終精加工各種型面（如機床導軌面、連接面、軸瓦、配合球面等）的重要精加工方法。刮刀工作前角為負值，刮刀對工件有切削作用和壓光作用，使工件表面光潔，組織緊密。刮削一般分為平面刮

削和曲面刮削，另簡單介紹下原始平板的刮削。

1.平面刮削

（1）平面刮削的基本操作方法。

①手刮。手刮的姿勢如圖 8-1-8 所示，右手握刀柄，左手四指向下蜷曲握住刮刀距離刀端約 50mm 處，刮刀與工件表面呈 20°～30°角。刮削時刀刃抵住刮削面，左腳跨前一步，右手隨著上身前傾前推刮刀，同時左手下壓刮刀，完成一個

刀跡長度時，左手立即提刀，完成一次刮削。手刮動作靈活、適應性強，但易疲勞，不宜刮削餘量較大的工件。

②挺刮。挺刮姿勢如圖 8-1-9 所示，刀柄抵在小腹右下側肌肉處，雙手併攏握住刮刀前部，左手距刀端 80～100mm。刮削時，刀刃抵在工件表面上，雙手下壓刮刀，利用腿和腰產生的爆發力前推刮刀，完成一個刀跡長度時立即提刀，完成一次刮削。挺刮的切削量較大，適合大餘量刮削，效率高，但腰部易疲勞，因操作姿勢的制約，刮削大面積工件較困難。對於大面積工件，用手刮和挺刮相結合的方法可以提高工效。

③手刮和挺刮的工藝方法。第一，粗刮。用粗刮刀在刮削平面上均勻地鏟去一層金屬，以很快除去刀痕、鏽斑或過多的餘量。當工件表面每 25mm×25mm 有 4~6 個研點，並且有一定細刮餘量時為止。第二，細刮。用細刮刀在經粗刮後的表面上刮去稀疏的大塊高研點，進一步改善不平現象。細刮時要朝一個方向刮，第二遍刮削時要用 45°或 65°的交叉刮網紋。當平均每 25mm×25mm 有 10~14 個研點時停止。第三，精刮。用小刮刀或帶圓弧的精刮刀進行刮削，使研點達到，每 25mm×25mm 有 20~25 個研點。精刮時常用點刮法（刀痕長為 5mm），且落刀要輕，起刀要快。第四，刮花。刮花的目的主要是美觀和積存潤滑油。常見的花紋有：斜紋花紋、魚鱗花紋和燕形花紋等。儘量使刀跡長度和深度一致，同時要求刮點準確，動作富有力感和節奏感。

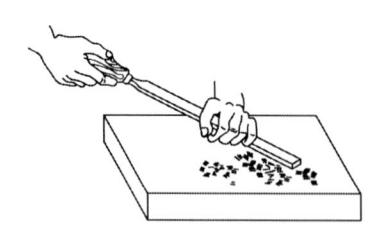

圖 8-1-8　手刮方法　　圖 8-1-9　挺刮方法

（2）平面刮刀。

平面刮刀是刮削平面的主要工具，一般用碳素工具鋼或軸承鋼鍛造，其切削部分刃磨成一定的幾何形狀，刃口鋒利，有足夠硬度。平面刮刀的規格見表 8-1-5。平面刮刀分為普通刮刀和活頭刮刀兩種。

表8-1-5 平面刮刀的規格 （單位：mm）

種類＼尺寸	全長 L	寬度 B	厚度 t
粗刮刀	400～600	25～30	3～4
細刮刀	400～500	15～20	2～3
精刮刀	400～500	10～12	1.5～2

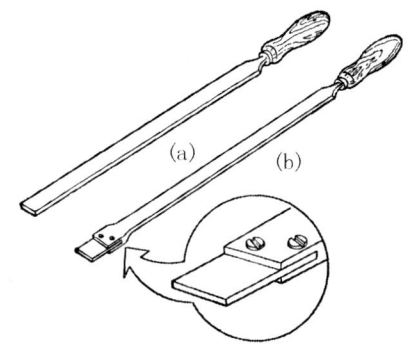

(a)普通刮刀　(b)活頭刮刀
圖 8-1-10　平面刮刀

①平面刮刀刃磨與熱處理方法。

平面刮刀的頭部幾何形狀和角度如圖 8-1-11 所示，除韌性材料刮刀（一般用於粗刮）外，均為負前角，粗刮刀頂端角度為 90°～92.5°，刀刃平直；細刮刀為 95°左右，刃部稍帶圓弧；精刮刀為 97.5°左右，刀刃為圓弧形。平面刮刀的刃磨和熱處理過程為：粗磨—熱處理（淬火）—細磨—精磨。

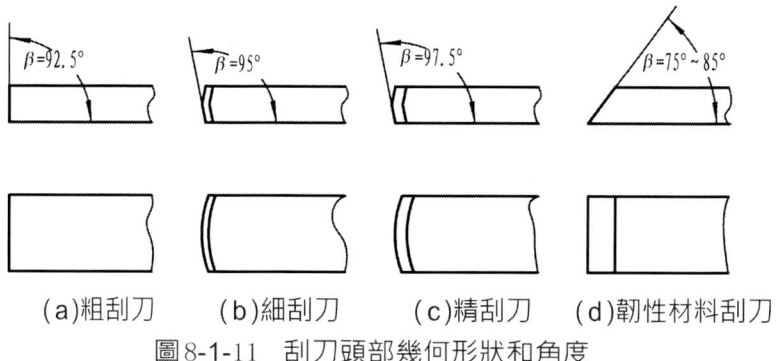

(a)粗刮刀　(b)細刮刀　(c)精刮刀　(d)韌性材料刮刀
圖8-1-11　刮刀頭部幾何形狀和角度

第一，粗磨。刮刀的粗磨方法如下：

在砂輪稜邊上磨去刮刀兩平面上的氧化皮後在砂輪側平面上磨平兩平面，刀端磨出切削部分厚度（注意厚度要求一致）。刃磨時由輪緣逐步平貼在砂輪側面上，不斷前後移動進行刃磨。

在砂輪輪緣上修磨刮刀頂端面。為了防止彈抖和出事故，刃磨時先以一定的傾斜角度緩慢與砂輪接觸，再逐步轉動至水準。磨刮刀時，施加的力應通過砂輪軸線，力的大小要適當，避免彈抖過大。人體應站在砂輪的側面，嚴禁正面朝向砂輪。粗磨後的刮刀兩平面應平整，切削部分有一定厚度，刮刀兩側面與刀身中心線對稱，刀端面與刀身中心線應垂直。如圖 8-1-12 所示。

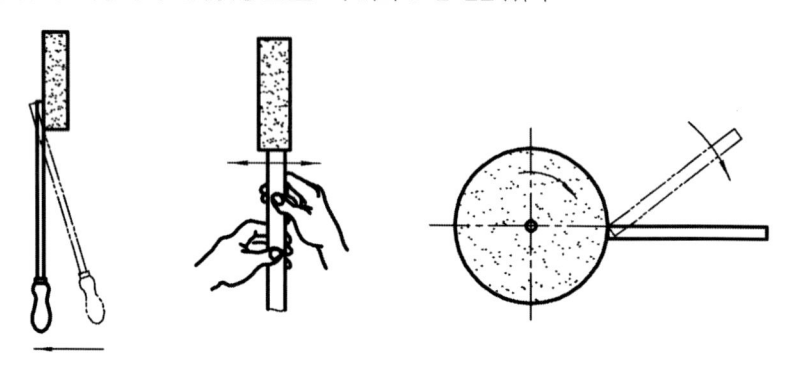

（a）粗磨刮刀平面　（b）粗磨刮刀頂端面　（c）頂端面粗磨方法

圖 8-1-12　平面刮刀的刃磨

第二，平面刮刀的熱處理方法。

將粗磨好的刮刀頭部（長 25～30 mm），放在爐中加熱到 780～800°C（呈櫻桃色），取出後迅速放入冷水（或者加鹽 10%的水）中冷卻，刀頭浸入水中深度 8～10 mm，刮刀做緩慢平移和少許上下移動，以免使淬硬部分產生明顯界線。當刮刀露出水面部分呈黑色時，從水中取出刮刀；刀刃部分變為白色時，迅速將刮刀浸入水中冷卻，直到刮刀全部冷卻取出。熱處理後的硬度要求達到 HRC60 以上。精刮刮刀及刮花刮刀可用油冷卻，可以避免裂紋產生，使金相組織細密，便於刃磨。

第三，刮刀的細磨與精磨。熱處理後的刮刀可在細砂輪上細磨，當其基本達到刮刀的幾何形狀和要求後，用油石加機油進行精磨。

精磨刮刀切削部分兩平面。如圖 8-1-13（a）所示，右手握刀身上部手柄，右手肘抬平刮刀，左手掌壓平刮刀使刀面平貼油石橫向來回直線移動，依次磨平兩平面。

精磨刮刀切削部分端面。如圖 8-1-13（b）所示，初學者可按圖 8-1-13（c）的方法刃磨，左手扶住刀身，右手握住刀身下部，刀端貼油石面上，刀身略前傾，加壓前推刮刀，回程略上提。精磨後的刮刀其切削部分的形狀應達到兩平面平整光潔、刃口鋒利、角度正確的要求。

（3）油石的使用和保養。新油石要放入機油中浸透才能使用。刃磨時油石表面加足機油並保持表面清潔，刮刀在油石上要經常改變位置，避免油石表面磨出溝槽。

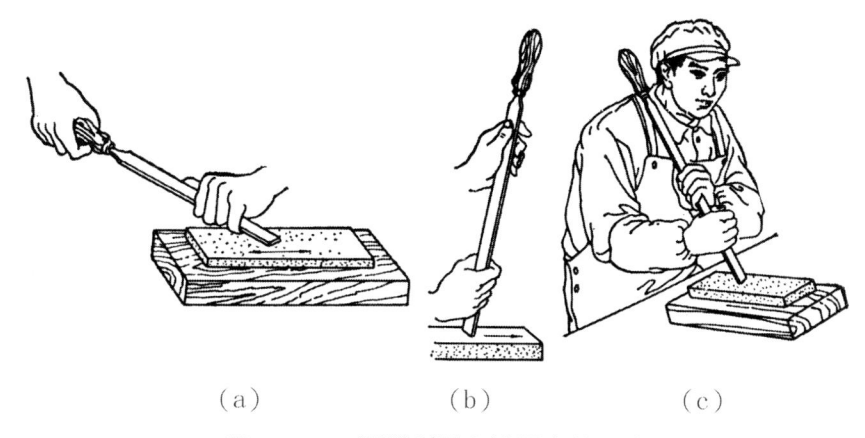

（a）　　　　　（b）　　　　　（c）

圖 8-1-13　平面刮刀在油石上的刃磨

2.曲面刮削

為了使曲面配合面的工件有良好的配合精度，往往需要對曲面進行刮削加工，如軸承的軸瓦及模具零件上的一些曲面配合處等。

（1）曲面刮削操作方法。

①短柄三角刮刀的操作。刮削內曲面時，右手握刀柄，左手橫握刀身，拇指抵住刀身。刮削時，左、右手同時做圓弧運動，順著曲面使刮刀作後拉或前推的螺旋運動，刀具運動軌跡與曲面軸線呈約 45°角，且交叉進行。如圖 8-1-14（a）所示。

②長柄三角刮刀的操作。刮削內曲面時，刀柄放在右手肘上，雙手握住刀身。刮削動作和運動軌跡與短柄三角刮刀相同。如圖 8-1-14（b）所示。

③外曲面刮削姿勢。如圖 8-1-15 所示，兩手捏住刮刀的刀身，右手掌握方向，左手加壓或者提起，刮刀柄擱置在右手小臂上。刮削時，刮刀面與軸承端面傾斜呈 30°角，應交叉刮削。

(2)曲面刮削品質的檢測。

圖8-1-14　內曲面刮削姿勢　　圖8-1-15　外曲面刮削姿勢　　圖8-1-16　銅軸承

①塗色檢驗研點數。檢驗一般以相配合的軸作為校準工具，塗上顯示劑與曲面互研顯點，用 25mm×25mm 方框在曲面的任意位置檢查，以方框內最少研點數來表示曲面的刮研品質，見表 8-1-6。

表8-1-6　曲面刮削的檢驗點數

軸承直徑 (mm)	機床或精密機械主軸軸承			鍛壓設備 通用機械 的軸承		動力機械 冶金設備的軸承	
	高精度	精密	普通	重要	普通	重要	普通
	每25 mm×25 mm內的研點數						
≤120	25	20	16	12	8	8	5
>120		16	10	8	6	6	2

②塗色檢驗接觸率。檢驗時一般過程與檢驗研點數的互研過程相同，只是在表示刮研品質時，用研點區域的面積與整個曲面的面積的百分比（接觸品質）來表示。

(3) 銅軸承曲面刮削操作工藝。

①將軸承座軸瓦裝夾到台虎鉗上，採用正前角粗刮三角刮刀粗刮軸瓦，並用相配合的軸為校準工具進行互研檢驗，達到 25mm×25mm 內的研點數 16 點。

②採用較小前角細刮三角刮刀細刮軸瓦，並用相配合的軸為校準工具進行互研檢驗，達到 25mm×25mm 內的研點數 20 點。

③採用負前角精刮三角刮刀精刮軸瓦，並用相配合的軸為校準工具進行互研檢驗，達到 25mm×25mm 內的研點數 25 點。銅軸承如圖 8-1-16 所示。

（4）曲面刮刀。

常用的曲面刮刀有三角刮刀、舌頭刮刀和柳葉刮刀等幾種。三角刮刀一般用工具鋼鍛制或用三角銼刀刃磨改制，市面上也有成品出售，用於內曲面的刮削。三角刮刀根據刮削性質的不同，其前角角度有不同的要求，一般用於粗刮的三角刮刀採用正前角，其切屑較厚；用於細刮的三角刮刀採用較小的正前角，其切屑較薄；用於精刮的三角刮刀採用負前角，其只對刮研面進行修光。如圖 8-1-17（a）、(b）所示。舌頭刮刀由工具鋼鍛製成形，它利用兩圓弧面刮削內曲面，它的特點是有四個刀口，為了使平面易於磨平，在刮刀頭部兩個平面上各磨出一個凹槽，如圖 8-1-17（c）所示。

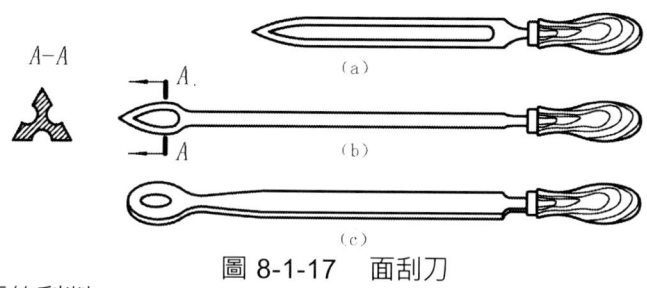

圖 8-1-17　面刮刀

3.原始平板的刮削

原始平板的刮削是採用三塊原始平板依次相互迴圈互研互刮，在沒有標準平板的情況下獲得符合平面度要求的刮削方法。要注意三塊平板的對研順序，不能錯誤，通過反覆地對研粗刮、細刮、精刮，並用 25mm×25mm 方框檢測點數，用百分表測量平面的扭曲程度，以加工出合格的平板。

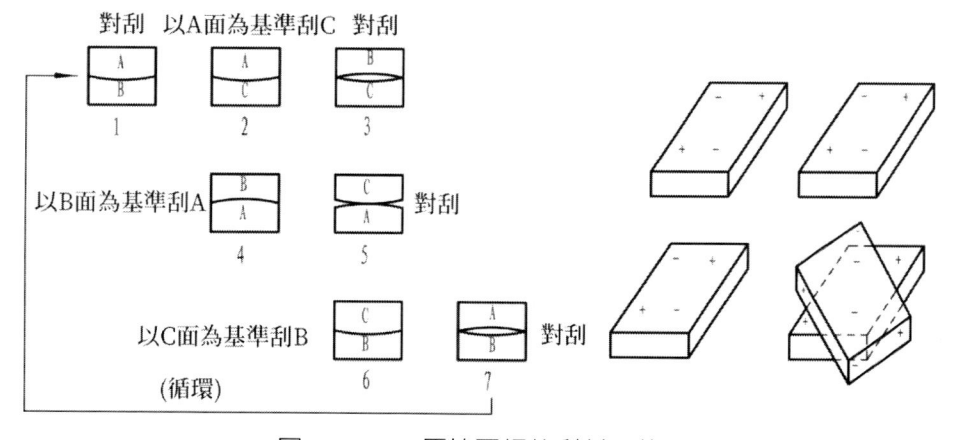

圖 8-1-18　原始平板的刮削工藝

刮削原始平板一般採用漸進法（三板互研法）。三板互研法就是以三塊粗刮後的平板為一組，經過正研迴圈和對角研兩個刮研過程，逐步使三塊平板達到標準平板精度要求的操作方法。方法如下：

（1）正研迴圈。三塊平板的正研迴圈如圖 8-1-18 所示。三塊平板分別編號"A、B、C"，按一定次序兩兩組合，塗顯示劑進行正研顯點，然後作為基準面的平板不刮，只修刮不是基準面的平板。經過多次反復迴圈刮研後，三塊平板逐步消除縱、橫方向誤差，各塊板面顯點基本一致，達到每 25×25mm 內有 12~15 個研點。正研是相互對研的兩塊平板，在縱向或橫向方向上做直線對研的操作過程。

（2）對角研。正研迴圈後，板面可能扭曲，將互研的兩塊平板互錯一定角度進行對角研刮，可以消除板面的扭曲。

（3）經過對角刮研後，當三塊平板無論正研、對角研或調頭研其研點都一致，點數符合要求時，原始平板的刮研即可結束。點數達每 25mm×25mm 內有 25 個研點為 0 級精度，點數達每 25mm×25mm 內有 25 個研點為 1 級精度，點數達到每 25mm×25mm 內有 20 個研點為 2 級精度，點數達到每 25mm×25mm 內有 16 個以上研點為 3 級精度。

六、研磨注意事項

（1）粗研磨、精研磨要分開進行，如粗研磨、精研磨必須在一塊平板上完成，粗研磨後必須全面清洗平板。

（2）研磨劑要分佈均勻，每次不能上料過量，避免工件邊沿損壞。要注意清潔，避免雜質混入研磨劑。

（3）工件需經常調頭進行研磨，並經常改變工件在研具上的位置，防止研具磨損。

（4）研磨時壓力大小適中。粗研磨的壓力不超過 0.3MPa，精研磨壓力一般採用 0.03～0.05MPa。

（5）手工研磨時速度不應太快：手工粗研磨時，每分鐘往復 20～60 次；手工精研磨時，每分鐘 20～40 次（粗研磨速度一般為 20～120m/min，精研磨速度一般取 10～30m/min）。

七、研磨安全操作規程

（1）百分表和標準平板直尺是精密量具，要注意清潔保養，輕拿輕放，不能和工具重疊磕碰。

（2）研磨時，防止因用力過猛身體失控導致發生事故。

（3）研磨平板工件不能超出標準平板太多，以免掉下損壞和傷人。

（4）研磨時用力要均勻，防止用力過猛將平板工件推出平板邊沿損壞工件或者造成人員受傷。

（5）保持研具和磨料、研磨劑、研磨液的清潔，防止磨料被污染和雜質混入。

（6）防止研磨料進入眼睛。

任務評價

對研磨的加工品質，根據表8-1-7中的評分要求進行評價。

表8-1-7 工件研磨情況評價表

評價內容	評價標準	分值	學生自評	教師評估
準備工作	準備充分	5分		
工具的識別	正確使用工具	5分		
工具的使用	正確使用	5分		
表面粗糙度 $Ra0.4\ \mu m$(3面)	達到要求	20分		
直線度 0.005 mm(3面)	達到要求	25分		
平面度 0.01 mm	達到要求	20分		
安全文明生產	沒有違反安全操作規程	10分		
情感評價	按要求做	10分		
學習體會				

練一練

一、填空題(每題10分,共50分)

1. 用研磨工具和研磨劑從工件上研去＿＿＿＿＿＿的精加工方法稱為研磨。

2. 工件經研磨後尺寸精度可達到＿＿＿＿＿＿mm,表面粗糙度可達到＿＿＿＿＿＿。

3. 研磨液在研磨中起＿＿＿＿＿＿磨料、冷卻和潤滑的作用。

4. 磨料的粗細用＿＿＿＿＿＿來表示。

5. 研磨加工的基本原理包括＿＿＿＿＿＿兩方面的作用。

二、判斷題(每題10分,共50分)

1. 碳化物磨料可研磨硬質合金、陶瓷之類的高硬度工件。　　(　　)

2. 研磨劑是用磨料、研磨液和輔助材料製成的混合劑。　　(　　)

3. 工件上任一點的運動軌跡儘量避免過早出現週期性重複。　　(　　)

4. 金剛石磨料主要用於碳素工具鋼、合金工具鋼、高速工具鋼和鑄鐵工件的研磨。　　(　　)

5. 研具工作面的硬度應稍高於工件的硬度。　　(　　)

項目九　銼配

在生產中，鉗工除了需要用銼削的方法加工一些單個工件外，有時還需要加工一些配合件，特別是在裝配和修理過程中，銼配是保證裝配要求的一種基本加工方法。如下圖所示。掌握銼配的技能並能達到一定的技術要求，也是鉗工的基本技能要求。如配鑰匙。

銼配又稱為鑲嵌，是鉗工綜合運用基本操作技能和測量技術，使工件達到規定的形狀、尺寸和配合要求的一項重要操作技能。它反映了操作者掌握鉗工基本操作技能和測量技術的能力及熟練程度。因而銼配技能是鉗工技能的核心技能之一，要求重點掌握。

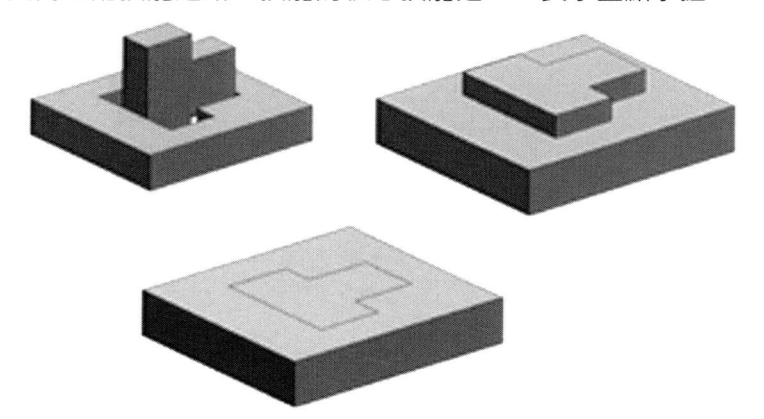

"T"形體的銼配

目標類型	目標要求
知識目標	(1)知道多件拼塊鑲配的加工工藝 (2)知道角度和對稱度的加工方法 (3)知道配合件的檢測方法
技能目標	(1)能遵守鉗工安全操作規程 (2)能正確地編制銼配加工工藝 (3)能正確測量配合件的配合間隙 (4)能熟練應用銼削技能 (5)能熟練使用鑽削技能進行孔加工
情感目標	(1)能養成根據技術要求自主安排加工工藝的工作習慣 (2)能在工作中和同學協作完成任務 (3)能意識到規範操作和安全作業的重要性

任務　銼沖孔凸模、凹模的配合

任務目標

(1)會使用銼削工具。
(2)能正確進行間隙測量和對稱度計算。
(3)能正確安排配合件加工及配合工藝。
(4)能準確鑽孔鉸孔。

任務分析

　　三件拼塊鑲配是中級技能水準的鉗工配合操作技能的綜合訓練。製作中要仔細認真，控制好基準尺寸和形位加工精度，試配中要仔細觀察分析，做到每加工一步都要心中有數，不盲目加工。測量和工藝步驟也是訓練的重點和關鍵。學生通過練習能豐富加工工藝及操作的經驗，提高操作技能。

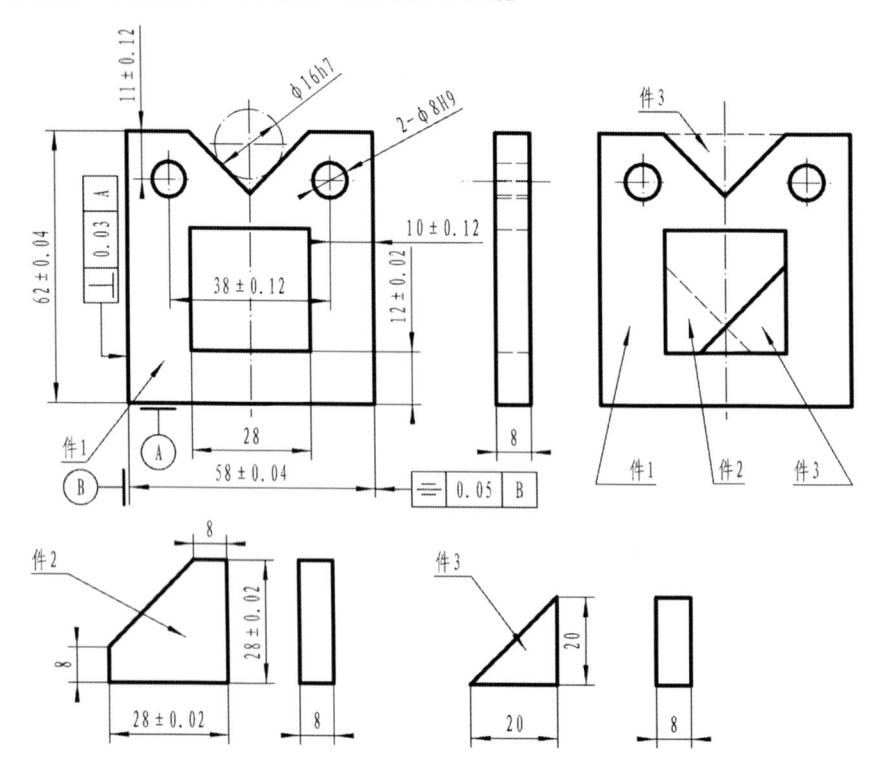

技術要求：
1.各外銼削面 Ra1.6μm，各內銼削面 Ra3.2μm。
2.件 2 與件 1 組合後，能按圖示進行配合，配合間隙 0.04mm。
3.件 3 與件 1 配合間隙 0.04mm，配合面直線度 0.05mm。
4.工件內角處不允許削楔。

圖9-1-1　銼配任務：三件拼塊鑲配

任務實施

一、工具、量具的準備(表9-1-1)

工具、量具準備清單

序號	名稱	規格	數量
1	高度遊標卡尺	0～300mm	1把/組
2	遊標卡尺	0～150mm	1把/組
3	刀口形直尺	100×63mm	1把/組
4	百分尺	0～25mm	1把/組
5	百分尺	25～50mm	1把/組
6	百分尺	50～75mm	1把/組
7	百分尺	75～100mm	1把/組
8	萬能角度尺	0°～320°	1把/組
9	劃線平板	500mm×350mm	1個/組
10	劃針		1支/組
11	劃規		1支/組
12	樣沖		1支/組
13	錘子	0.5kg	1把/人
14	方箱	200mm×200mm×200mm	1支/組
15	扁銼刀	粗齒300mm	1把/人
16	扁銼刀	中齒150mm	1把/人
17	方銼刀	中齒200mm	1把/人
18	三角銼刀	中齒200mm	1把/人
19	三角銼刀	中齒150mm	1把/人
20	鋸弓	300mm	1把/人
21	鋸條	300mm	1條/人
22	麻花鑽	ϕ7.8mm	1支/組
23	手用鉸刀	ϕ8.0mm	1支/組

二、三件拼塊鑲配工藝

1.檢查毛坯尺寸，做外形修整

要求用 300mm 的粗齒銼刀配合 200mm 的細齒銼刀加工，先粗、精加工出一組直角面，再加工平行面達到外形尺寸要求和形位公差（平面度 0.03mm、垂直度平行度 0.05mm）要求（六面靠角尺），保證表面粗糙度達到 Ra6.3μm。

2.件 2 加工

先加工兩組尺寸 $28+^{+0.02}_{-0.02}$ mm，保證垂直精度，如圖 9-1-2 所示，再加工一角度面 45°鋸割去料，如圖 9-1-3 所示，保證尺寸 8mm，角度 45°±4′，如圖 9-1-4 所示。各面平面度≤0.02mm，垂直度≤0.02mm，平行度≤0.02mm，表面粗糙度 Ra1.6μm。

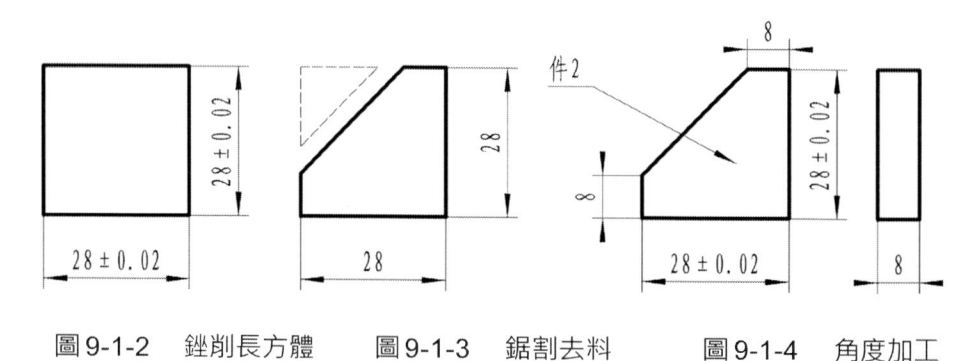

圖 9-1-2　銼削長方體　　圖 9-1-3　鋸割去料　　圖 9-1-4　角度加工

3.件 3 加工

加工件 3 長方體各尺寸面,達到尺寸 $20^{+0.02}_{-0.02}$ mm 要求,保證各面平面度≤0.02mm，垂直度≤0.02mm，平行度≤0.02mm；表面粗糙度 Ra1.6μm，如圖 9-1-5 所示；鋸割，如圖 9-1-6 所示料，保證尺寸 $20^{+0.02}_{-0.02}$ mm，角度 45°±4′；與件 2 配作 45°角，如圖 9-1-7 所示。配合間隙達到 0.04mm。接合面直線度 0.05mm。必須能翻面。

注意 45°角的準確加工，不然在以後的配合中，不能達到翻面的配合要求。

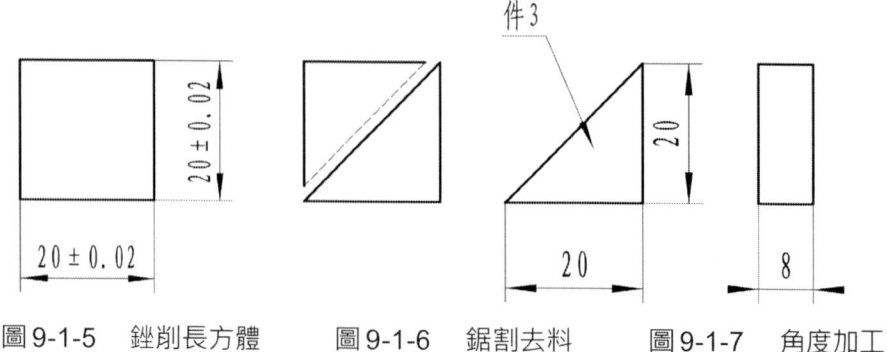

圖 9-1-5　銼削長方體　　圖 9-1-6　鋸割去料　　圖 9-1-7　角度加工

4. 件1加工

先精修長方體達到尺寸 $58^{+0.04}_{-0.04}$ mm×62 $^{+0.04}_{-0.04}$ mm，保證各面平面度 ≤0.02mm，垂直度≤0.03mm，平行度≤0.02mm；表面粗糙度 Ra1.6μm。然後對方孔和 "V" 形槽劃線打樣沖眼、鑽排料孔，去廢，粗銼削方孔和 "V" 形槽外形。

孔位置劃線，打樣沖眼，鑽孔、孔口倒角，保證 $38^{+0.12}_{-0.12}$ mm 的位置尺寸精度；然後鉸孔。注意鉸孔時，加少許機油，保證鉸孔精度達到 H9（也可以和去廢料排孔一起鑽孔）。

精修尺寸 $12^{+0.02}_{-0.02}$ mm，保證尺寸精度，保證各面平面度≤0.02mm，垂直度≤0.02mm（與非加工基準面），平行度≤0.02mm；表面粗糙度 Ra1.6μm。

再精銼削 28mm 尺寸內角尺面，保證尺寸 10mm，注意角尺，保證垂直度。如圖 9-1-8 所示。

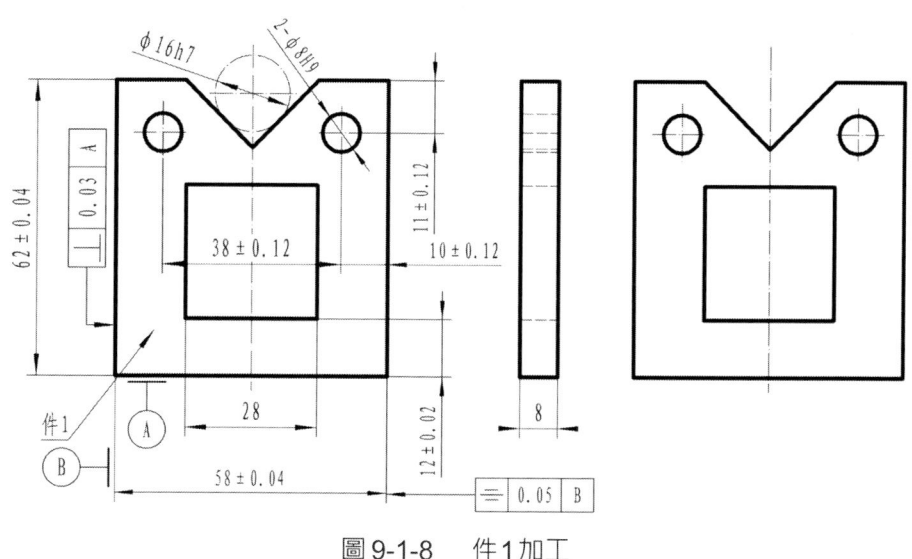

圖 9-1-8　件1加工

5. 銼配

件 1、件 2、件 3 方孔銼配。先銼配 28mm 第一組面（寬度方向），再銼配 28mm 第二組面（長度方向）；注意先要緊配合，62mm 尺寸方向配入後再銼配 58mm 尺寸方向；用透光和塗色法檢查，逐步進行整體修銼，使件 2、件 3 組合長方體推進推出鬆緊適當，達到配合要求。待整體配入後再翻面銼配。銼配前，為防止各個銳邊抵觸，可先用三角銼適當消隙，注意不要留下外形痕跡，以免失分。

件 3 與件 1 的直角 "V" 形銼配。先銼削件 1 的直角 "V" 形槽，留少許餘量。然後以件 3 為基準件，修配 "V" 形槽，如圖 9-1-9 所示。

鉗工基本技能

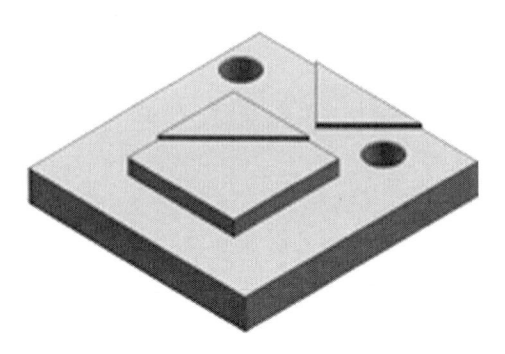

圖 9-1-9　銼配

6.修整、檢驗

　　拋光、去毛刺。用塞尺檢查配合精度，達到換位後最大間隙不得超過 0.05mm，塞入深度不得超過 3mm，如圖 9-1-10 所示。

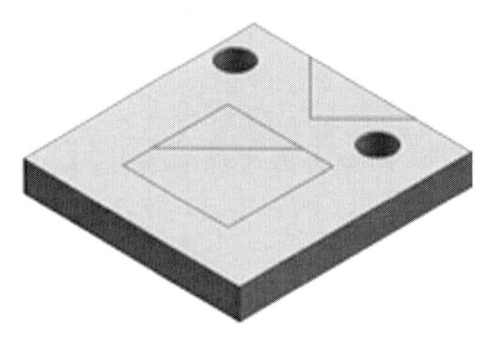

圖 9-1-10　修整 檢驗

做一做

　　我們上面已學習了銼配的相關知識和各種工具的使用方法，並進行了任務練習，下面來做一做另一零件：角尺的銼配練習，如圖 9-1-11 所示，看誰做得又好又快。

　　備料長 80mm、寬 80mm、高 4mm 的鋼板，根據前面練習方法和工藝步驟（也可以自己制訂工藝方法和步驟），然後和其他同學互相評價，最後教師給你評定並計分。

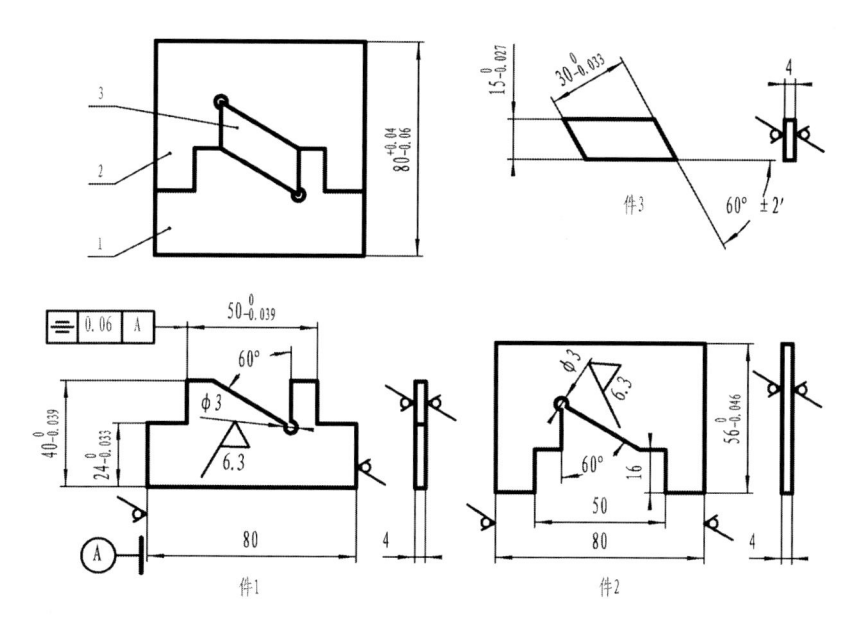

技術要求:

1. 未注表面粗糙度為 Ra3.2 μm。
2. 件1與件2兩側位錯量≤0.05 mm。
3. 件3與件2和件1兩側位錯量≤0.05 mm。

圖9-1-11　三件鑲配圖

參考評分標準,見表9-1-12。

表9-1-2　三件拼塊鑲配評分表

序號	專案與技術要求	配分	評分標準	檢測記錄	得分
件1					
1	$50_{-0.039}^{0}$ mm	5分	超差不得分		
2	$40_{-0.039}^{0}$ mm	5分	超差不得分		
3	$24_{-0.033}^{0}$ mm	4分	超差不得分		
4	Ra3.2 μm(9處)	0.5分×9	不合格不得分		
5	對稱度0.06 mm	3分	超差不得分		
件2					
6	Ra3.2 μm (9處)	0.5分×9	不合格不得分		
7	$56_{-0.046}^{0}$ mm	5分	超差不得分		
件3					
8	$30_{-0.033}^{0}$ mm	5分	超差不得分		
9	$15_{-0.027}^{0}$ mm	5分	超差不得分		
10	60°±4′(2處)	2分×2	超差不得分		

續表

序號	專案與技術要求	配分	評分標準	檢測記錄	得分
11	Ra3.2 μm(4處)	2分	不合格不得分		
配合					
12	80 $^{+0.04}_{-0.06}$ mm	5分	超差不得分		
13	60°處錯位量≤0.05 mm	4分	超差不得分		
14	兩外側錯位量≤0.05 mm	4分	超差不得分		
15	配合間隙≤0.04 mm(10處)	3分×10	超差不得分		
16	安全生產與職業素養	10分	現場評定		
工時定額	6h		作業時間		

參考工藝，見表9-1-3。

表9-1-3 三件拼塊鑲配加工工藝過程

步驟	工藝方法及工藝步驟圖示	
1	檢查毛坯尺寸，作精修整(件1 件2 件3)	
2	加工件3：先加工尺寸15 $^{+0}_{-0.027}$ mm 平行面，保證尺寸精度，再加工一角度面 60°，然後加工另一角度面 60°，保證尺寸30 $^{+0}_{-0.033}$ mm，各面平面度≤0.02 mm，垂直度≤0.02 mm，平行度≤0.02 mm，表面粗糙度 Ra1.6 μm	
3	加工件1：加工件1各尺寸面，達到圖紙尺寸要求，保證各面平面度≤0.02 mm，垂直度≤0.02 mm，平行度≤0.02 mm，對稱度≤0.06 mm，表面粗糙度 Ra1.6 μm；鑽 φ3 消氣孔；與件3配作60°角	

續表

步驟	工藝方法及工藝步驟圖示	
4	加工件2：以件1為母件配作件2各配合面；以件3為母件與件2和件1配作件2角度面60°；各配合面保證間隙單邊≤0.04 mm，表面粗糙度Ra3.2 μm	
5	按圖紙要求配作修整，件1與件2錯位量≤0.05 mm；各間隙精修整符合圖紙要求，配合長度尺寸精度達到80 $^{+0.04}_{-0.06}$ mm要求	

相關知識

一、銼配和類型

銼配是鉗工綜合運用基本操作技能和測量技術，使工件達到規定的形狀、尺寸和配合要求的一項重要操作技能。銼配按其配合形式可分為平面銼配、角度銼配、圓弧銼配和上述三種銼配形式組合在一起的混合式銼配。按其種類不同可分為以下幾種：開口銼配件可以在一個平面內平移，要求翻轉配合、正反配合均達到配合要求。

其典型題例如圖9-1-12（a）所示。半封閉銼配輪廓為半封閉形狀，腔大口小，銼配件只能垂直方向插進去，一般要求翻轉配合、正反配合均達到配合要求，如圖9-1-12（b）所示。

內鑲配輪廓為封閉形狀，一般要求多方位、多次翻轉配合均達到配合要求。

多件配是指多個配合件組合在一起的銼配，要求互相翻轉、變換配合件中任一件的位置均能達到配合要求，如圖 9-1-12（c）所示。

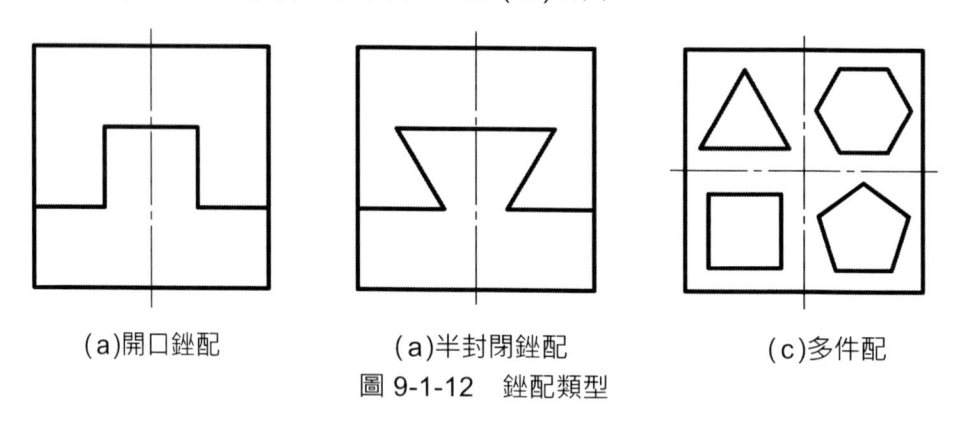

(a)開口銼配　　　　(a)半封閉銼配　　　　(c)多件配

圖 9-1-12　銼配類型

二、銼配的基本原則

為了保證銼配的品質，提高銼配的效率和速度，銼配時應遵從以下一般性原則：

①凸件先加工、凹件後加工的原則。
②按測量從易到難的原則加工。
③按中間公差加工的原則。
④按從外到內、從大面到小面加工的原則。
⑤按從平面到角度、從角度到圓弧加工的原則。
⑥對稱性零件先加工一側，以利於間接測量的原則。
⑦最小誤差原則——為保證獲得較高的銼配精度，應選擇有關的外表面作為劃線和測量的基準。因此，基準面應達到最小形位誤差要求。
⑧在運用標準量具不便或不能測量的情況下，優先製作輔助檢具和採用間接測量方法的原則。
⑨綜合兼顧、勤測慎修、逐漸達到配合要求的原則。

> **小提示**
>
> 在做精確修整前，應將各銳邊倒鈍，去毛刺、清潔測量面。否則，會影響測量精度，造成錯誤的判斷。配合修銼時，一般可通過透光法和塗色顯示法來確定加工部位和餘量，逐步達到規定的配合要求。

三、銼配注意事項

（1）銼配件的劃線必須準確，線條要細而清晰，兩面要同時一次劃線，以便加工時檢查。

（2）為達到轉位互換的配合精度，開始試配時，其尺寸誤差都要控制在最小範圍內，即配合要達到很緊的程度，以便於對平行度、垂直度和轉位精度做微量修整。

（3）從整體考慮，銼配時的修銼部分要在透光與塗色檢查之後進行，這樣就可避免僅根據局部試配情況就急於進行修配而造成最後配合面的間隙過大。

（4）在銼配與試配過程中，四方體的對稱中心面必須與銼配件的大平面垂直，否則會出現扭曲狀態，不能正確地反映出修正部位，達不到正確的銼配目的。

（5）正確選用截面小於90°的光邊銼刀，防止銼成圓角或銼壞相鄰面。

（6）在銼配過程中，只能用手推入四方體，禁止使用錘頭或硬金屬敲擊，以避免將兩銼配面咬毛。

（7）銼配時應採用順向銼，少用推銼。

（8）加工內四方體時，允許自做內角樣板。

四、四方體銼配加工工藝(圖 9-1-13)

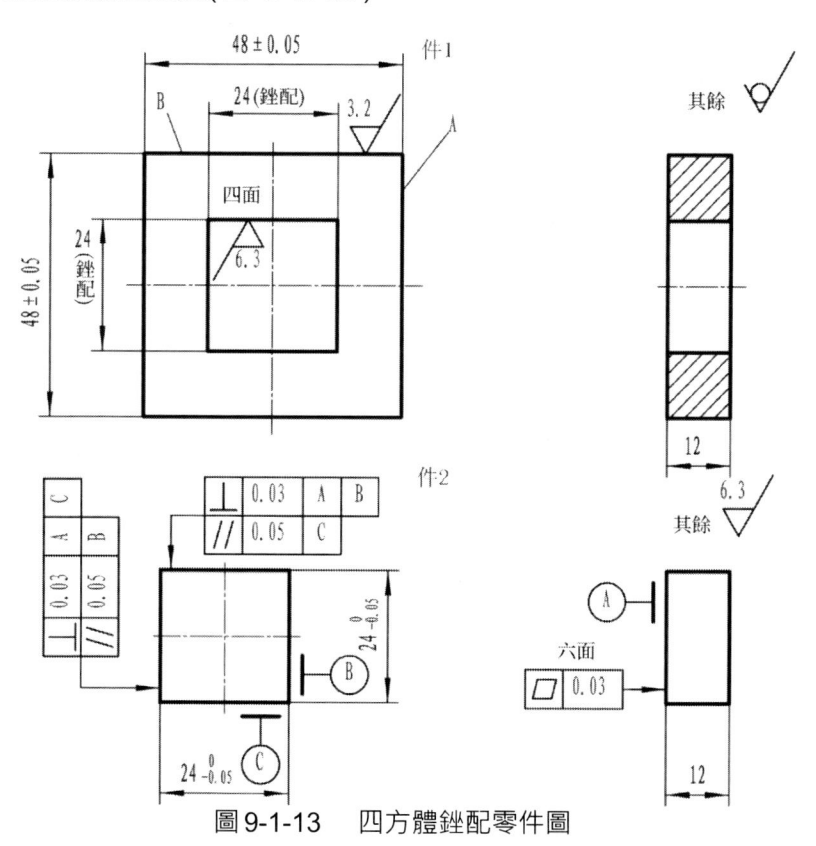

圖9-1-13　四方體銼配零件圖

1.銼四方體件2

將刨來的半成品 28mm×28mm×16mm，要求用 300mm 的粗齒銼刀配合 200mm 的細齒銼刀加工，先粗、精加工出一組直角面，再加工平行面達 24mm×24mm×12mm 的尺寸要求和形位公差（平面度 0.03mm、垂直度 0.03mm 和平行度 0.05mm）要求（六面靠角尺），保證表面粗糙度達到 Ra6.3μm。

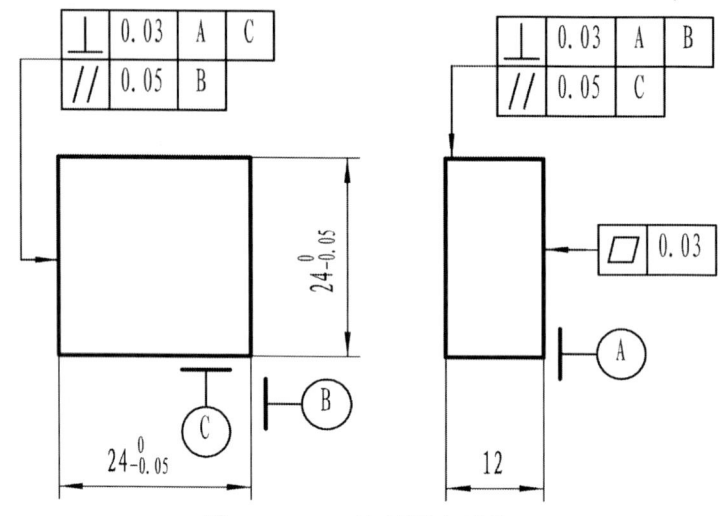

圖 9-1-14　銼削四方體件2

2.銼四方體件1

（1）加工基準面。用粗、細銼刀銼 A、B 面，使其垂直度和大平面的垂直度控制在有 0.03mm 範圍內，如圖 9-1-15 所示。

（2）粗加工四方體件 1 內孔。以 A、B 面為基準，劃內四方體 24mm×24mm 尺寸線，並用已加工四方體件二校核所劃線條的正確性。鑽孔，粗銼至接通線條留 0.1～0.2mm 的加工餘量，如圖 9-1-16 所示。

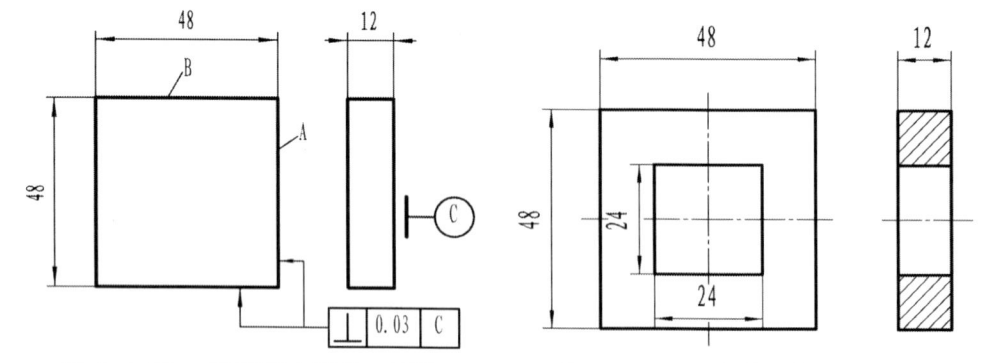

圖 9-1-15　銼削四方體件1外形　　圖 9-1-16　銼削四方體件1方孔

3.配加工四方體

（1）細銼靠近 B 基準的一側面，達到與 B 面平行，與大平面 A 垂直。

（2）細銼第一面的對應面，達到與第一面平行。用件 2 斜插入試配，使其較緊地塞入。

（3）細銼靠近 C 面的一側面，達到與 C 面平行，與大平面 A 及已加工的兩側面垂直。

（4）細銼第四面，使之達到與第三面和 C 面平行，與兩側面及大平面垂直，達到件 2 能較緊地塞入。

（5）用件 2 進行轉位元修正，達到全部精度符合圖樣要求。最後達到件 2 在內四方體內能自由地推進推出毫無阻礙。

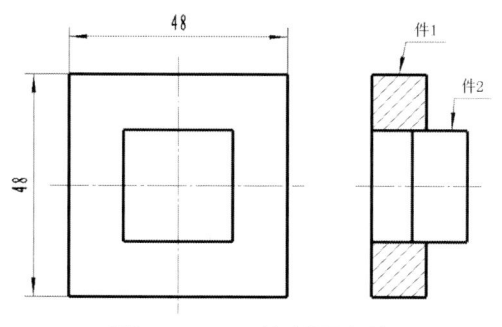

圖 9-1-17　銼削四方體

五、"T" 形體的銼配（圖 9-1-18）

"T" 形體的銼配屬於封閉對稱形體的銼配，除了對稱度的要求之外，還要求能進行互換，並達到規定配合間隙。所以，對稱形體的銼配也是鉗工銼配的練習重點和難點，要從對稱度測量、加工工藝和銼削技能等幾方面入手。

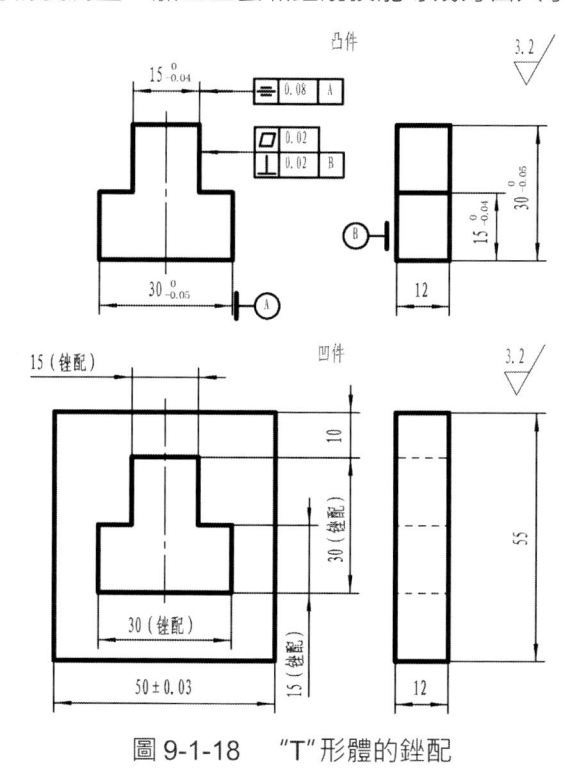

圖 9-1-18　"T"形體的銼配

1.下料

將 12mm 厚的 45 鋼鋼板鋸割下料後粗銼成 90mm×52mm×12mm 的長方體，如圖 9-1-19 所示，然後鋸割成 57mm×52mm×12mm 和 32mm×52mm×12mm 兩段長方體。

2. "T" 形體加工（圖 9-1-20）

綜合運用劃線、鋸割、銼削完成 "T" 形體加工。加工時，先精銼削長方體達到 30mm×30mm 的長方體，要求六面靠角尺，尺寸精度為 0.05mm。然後以一組角尺面為基準，鋸割一角，銼削達到尺寸和形位公差要求；再鋸割另一面，銼削達到尺寸、形位公差（重點為對稱度）要求。

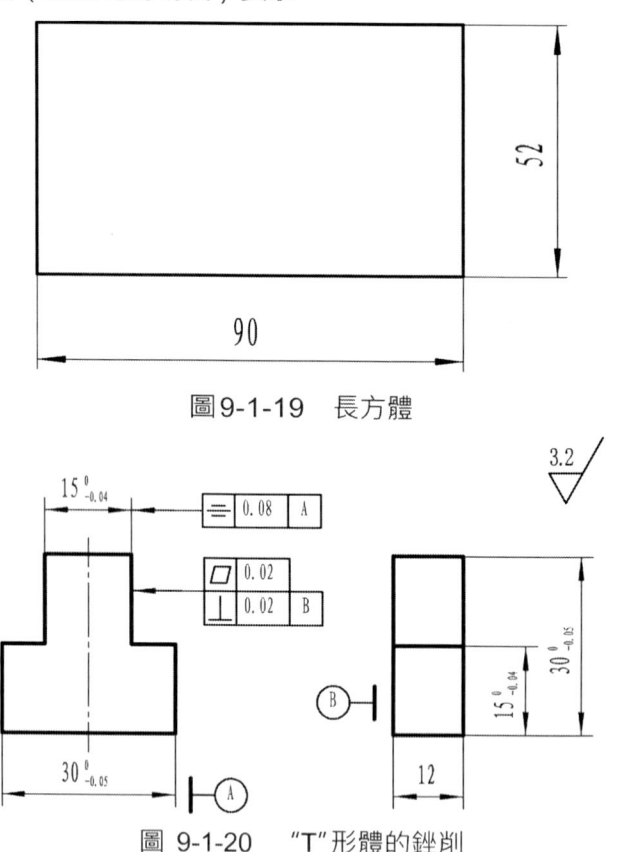

圖9-1-19　長方體

圖 9-1-20　"T"形體的銼削

3.鑽孔、去廢料（圖 9-1-21）

先精銼削長方體達到尺寸 55mm×50mm×12mm，然後劃線（留 0.5mm 的餘量）、打樣沖眼，用 φ4.8mm 的麻花鑽鑽排孔，如果去廢料困難，可用稍大的麻花鑽在中間鑽削一個孔，最後用鏨子去廢料。或者先做一個長方形孔，再做 "T" 形體孔。

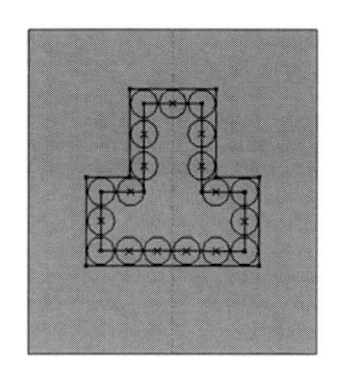

圖9-1-21　鑽孔、去廢料

4.銼配（圖9-1-22）

　　將內"T"形槽按尺寸修至尺寸（留0.10mm餘量），然後精修水準方向尺寸30mm配入，注意先要緊配合，水準方向配入後便銼配垂直方向；用透光或塗色法檢查，逐步進行整體修銼，使外"T"形體推進推出鬆緊適當，達到配合要求。待整體配入後再翻面銼配。銼配前，為防止各個銳邊抵觸，可先用鋸條消隙。

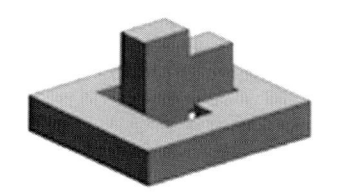

圖9-1-22　銼配

5.修整(圖 9-1-23)

各銳邊倒棱，複查技術要求。

圖9-1-23　銼配修整

六、對稱度

　　在"T"形體銼配、凸凹件銼配、銑床銑扁、銑槽、鑽床鑽孔時會要求對稱度。對稱度指的是所加工尺寸的軸線（或者中心要素）對基準中心要素的位置誤差。該誤差必須位於距離為對稱度要求的公差值範圍內，且通過與基準軸線的輔助平面對稱的兩平行平面之間。

對稱度分面對面、面對線、線對線等多種情況，公差帶形狀有兩平行直線和兩平行平面兩種。

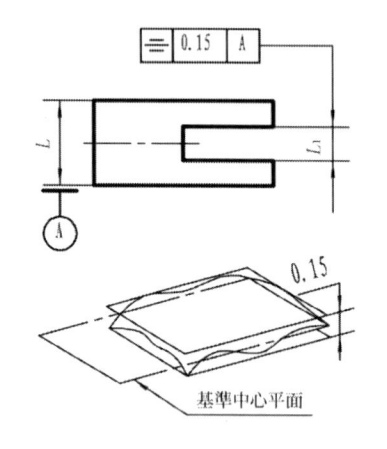

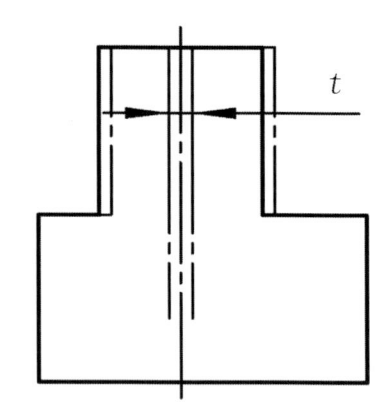

圖 9-1-24　對稱度表示方法　　圖 9-1-25　"T"形體的對稱度公差

1.對稱度誤差 Δ 的測量方法

對稱度誤差值Δ等於測量表面與基準表面的尺寸 A 和 B 的差值的一半。檢查如圖 9-1-26 所示的凸體件對稱度時，可用刀口形直尺的側平面靠在凸台肩上，再以刀口形直尺的側平面為測量基準測量 A 和 B 的尺寸。

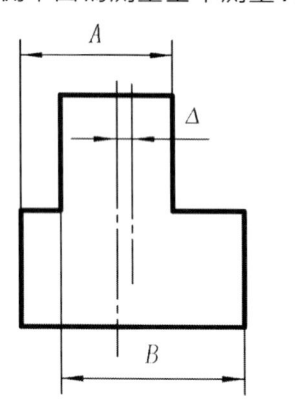

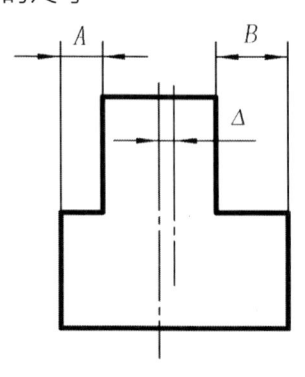

圖9-1-26　對稱度誤差 Δ 的測量方法

2.對稱度對銼配的影響

凹凸體銼配是鉗工基本操作中典型的課題，主要使操作者掌握具有對稱度要求的工件劃線、加工和測量，是銼配的基礎技能。其中，對稱度測量控制是難點。如果在加工中對稱度存在誤差必將對工件的配合帶來影響。特別是對轉位互換精度造成嚴重影響，使其兩側出現位錯。這就需要在配合後進行修整，消除誤差提高轉位互換精度。許多操作者因為對稱度誤差認識不清，盲目修配使誤差越來越大。下面是對稱度誤差的幾種情況和修配方法。

(1) 凸件有對稱度誤差。

如圖 9-1-27（a）所示，配合前假如凸件有 0.05mm 的對稱度誤差，凹件沒有。圖 9-1-27（b）所示為配合後的情形，兩側出現 0.05mm 的位錯。圖 9-1-27（c）所示為凸件翻轉後的配合情形，兩側出現 0.05mm 的位錯，並且凸件位錯凸出一側隨凸件翻轉而翻轉，說明凸件存在對稱度誤差。應修整凹、凸件兩側的基準面加以消除。修整時凸件多的一側要修去 0.10mm，凹件每側要修去 0.05mm。

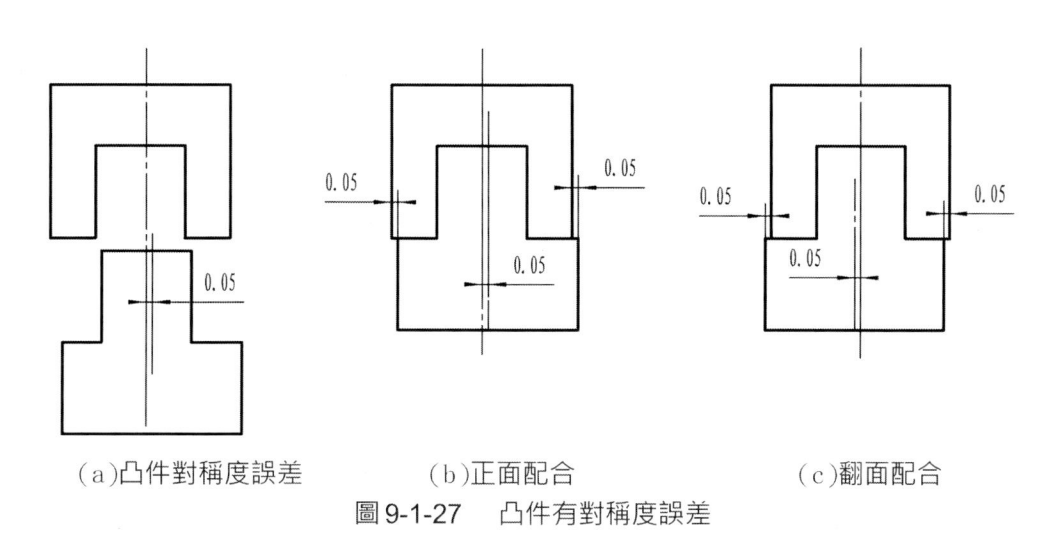

(a)凸件對稱度誤差　　(b)正面配合　　(c)翻面配合

圖 9-1-27　凸件有對稱度誤差

(2) 凹件有對稱度誤差。

如圖 9-1-28 所示：圖（a）為配合前情形，凹件有 0.05 的對稱度誤差，凸件沒有。圖（b）為配合後的情形，兩側出現 0.05mm 的位錯，並且凹件位錯凸出一側隨凹件翻轉而翻轉，說明凹件存在對稱度誤差。應修整凹、凸件兩側的基準面加以消除。修整時凹件多的一側要修去 0.10mm，凸件每側要修去 0.05mm。

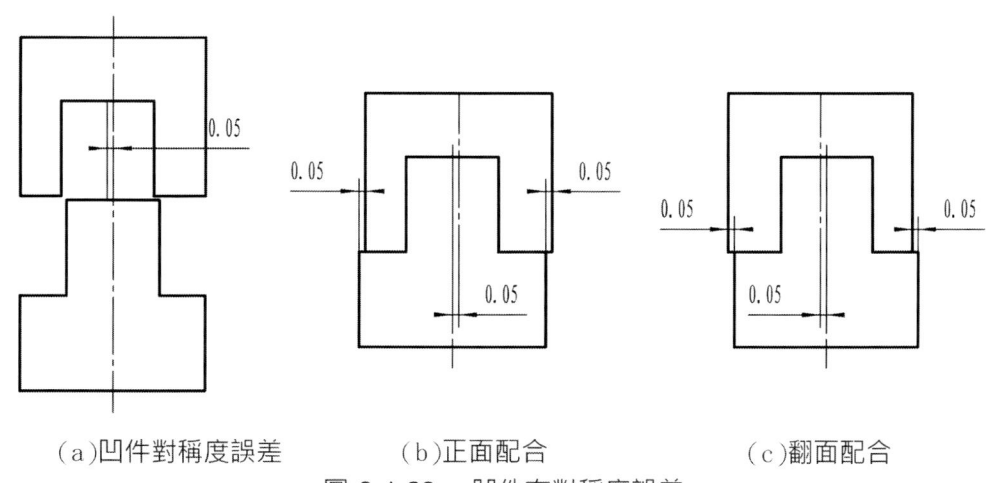

(a)凹件對稱度誤差　　(b)正面配合　　(c)翻面配合

圖 9-1-28　凹件有對稱度誤差

（3）凹、凸件都有對稱度誤差且相等。

如圖 9-1-29 所示：圖（a）為配合前情形，圖（b）為配合後情形，且對稱度誤差在同一個方向位置，故配合後兩側沒有出現位錯；但翻轉 180°後兩側出現 0.10mm 的位錯，如圖（c）所示。修整時凹、凸件多出去的一側都必須修去 0.10mm 方可消除對稱度誤差，獲得較高的轉位互換精度。

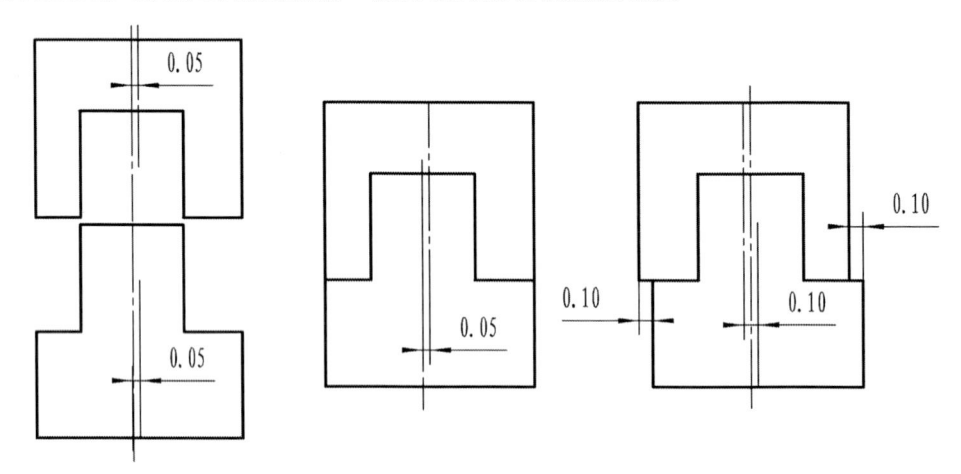

(a)凸 凹件對稱度誤差　　(b)正面配合　　(c)翻面配合

圖 9-1-29　凸凹件均有相等對稱度誤差

（4）凹、凸件都有對稱度誤差且不相等。

凹、凸件都有對稱度誤差且不相等如圖 9-1-30 示：（假如凸件為Δ1，凹件為Δ2），（a）為圖配合前情形。（b）為圖配合後情形，且對稱度誤差在同一個方向位置，配合後兩側出現 |Δ1-Δ2| 的位錯，此時要平齊配合面，凹、凸件多出去的一側都要修去 |Δ1-Δ2|。然後翻轉 180°，配合如圖（c）所示，則兩側會出現Δ1+Δ2 的位錯，修整時，凹、凸件多出去的一側都修去Δ1+Δ2，以獲得轉位互換精度。

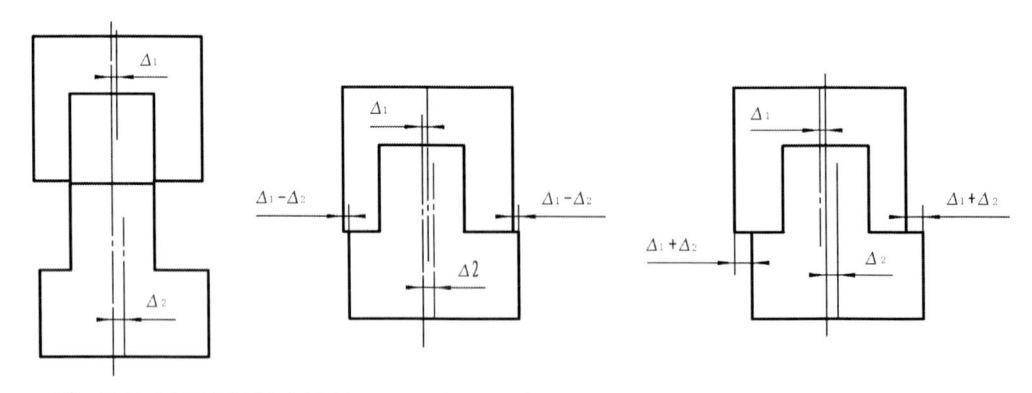

(a)凹 凸件有不等對稱度誤差　　(b)正面配合　　(c)翻面配合

圖 9-1-30　凹 凸件有不等對稱度誤差

只有正確分析和判斷，才能使修配工作準確無誤，避免盲目修配使誤差越來越大。特別提醒的是：由於修配要對外形基準面進行銼削，故開始加工外形基準尺寸時，要留一定的修配量。一般按所給尺寸公差的上限加工，這樣即使因對稱度超差修去一些，外形尺寸仍在公差之內，否則將使修配工作難以進行，而影響轉位互換精度。

任務評價

對本銼配任務的加工品質，根據表9-1-4中的評分要求進行評價。

表9-1-4 三件拼塊鑲配評分表

序號	考核項目	配分	評分標準	檢查記錄	得分
1	(58±0.04)mm	3分	超差不得分		
2	(62±0.04)mm	3分	超差不得分		
3	(11±0.12)mm(2處)	4分	超差不得分		
4	(10±0.12)mm	2分	超差不得分		
5	(38±0.12)mm	3分	超差不得分		
6	φ8H9 (2處)	8分	一處不合格扣1.5分		
7	12±0.02 mm	6分	每超差0.01 mm扣2分		
8	= 0.05 B	6分	每超差0.01 mm扣2分		
9	⊥ 0.03 A	6分	每超差0.01 mm扣2分		
10	45°±4′ (4處)	8分	一處不合格扣2分		
11	(28±0.02)mm(2處)	8分	每超差0.01 mm扣2分		
12	Ra1.6 μm	6分	一處不合格扣0.5分		
13	Ra3.2 μm	3分	一處不合格扣0.5分		
14	正面配合間隙≤0.04mm(5處)	10分	一處不合格扣2分		
15	調面配合間隙≤0.04mm(5處)	10分	一處不合格扣2分		

續表

序號	考核項目	配分	評分標準	檢查記錄	得分
16	三角配合0.04mm(2處)	4分	一處不合格扣2分		
17	件三、件一配合處直線度≤0.05 mm	3分	超差不得分		
18	倒角倒棱	2分	一處不合格扣0.5分		
19	安全文明生產	5分	酌情		
備註	1.考試時限360分鐘,準備時間30分鐘 2.考件有重大缺陷扣5~10分				
簽字					

练一练

一、填空題(每題10分,共50分)

1.銼配按其配合形式可分為_____、角度銼配、圓弧銼配等銼配形式。

2.為了保證銼配的品質,提高銼配的效率,在凸、凹件的銼配中一般_____先加工、_____配加工的原則。

3.在銼削內角為90°時,為了防止銼成圓角或銼壞相鄰面,應選用_____的光邊銼刀。

4.銼配的間隙大小一般用_____或塞尺進行檢查。

5.為了保證零件的對稱度的要求,修配時要對外形基準面進行銼削,故開始加工外形基準尺寸時,一般按所給尺寸公差的_____加工。

二、判斷題(每題10分,共50分)

1.銼配時應採用順向銼,少用推銼。 (　)

2.銼正方體時,先粗精加工出一組直角面,再加工平行面的順序進行加工。 (　)

3.銼配件的劃線必須準確,線條要細而清晰,兩面要同時一次劃線。 (　)

4.對稱性零件先加工一側,以利於間接測量的原則。 (　)

5.為達到轉位互換的配合精度,開始試配時,其尺寸誤差都要控制在中間範圍內。 (　)

三、實作練習題(不計分，僅供練習)

1.中級鉗工技能鑑定試題 1：燕尾銼配(圖 9-1-31)

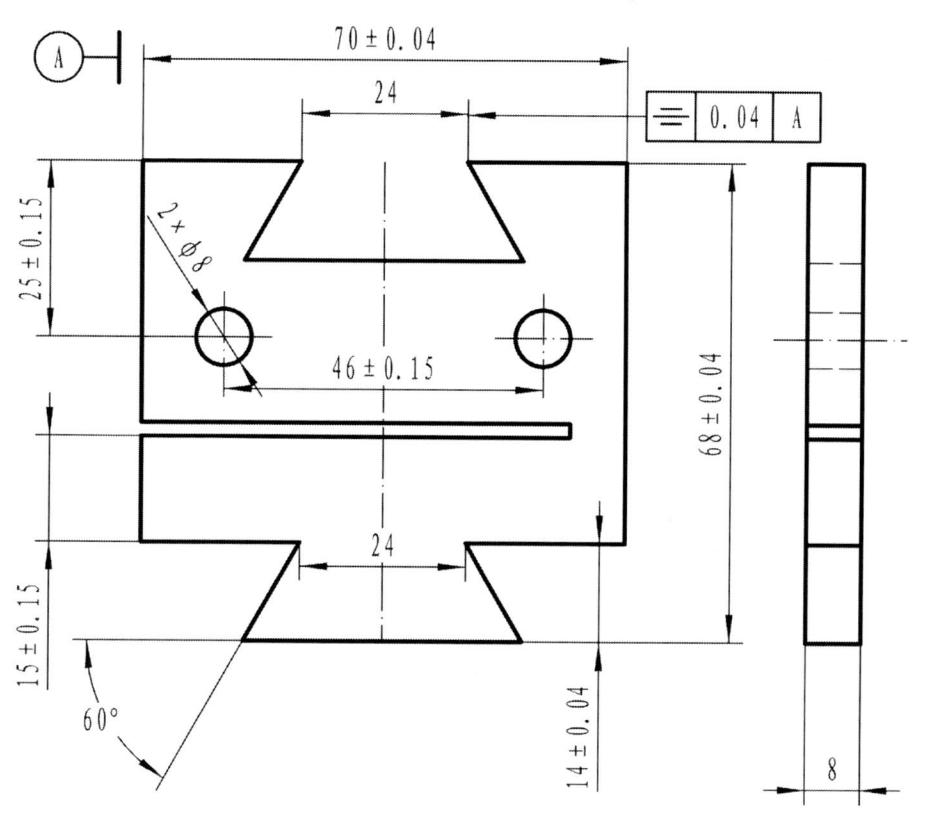

圖9-1-31　燕尾銼配

中級鉗工技能鑑定試題1：燕尾銼配檢測評分表

工號：_____　姓名：_____　單位：_____　成績：_____

序號	技術要求	配分	評分標準	檢測記錄	得分
1	(70±0.04)mm(測量2處)	4分	超差不得分		
2	(54±0.03)mm(測量2處)	8分	超差0.01 mm扣1分		
3	(68±0.04)mm	4分	超差0.01 mm扣1分		
4	(14±0.04)mm(測量2處)	8分	超差0.01 mm扣1分		
5	(12±0.15)mm	2分	超差0.02 mm扣1分		
6	(25±0.15)mm(測量2處)	4分	超差0.02 mm扣1分		
7	(46±0.15)mm	2分	超差0.02 mm扣1分		
8	60°±4′(測量3處)	8分	超差2′扣2分		
9	(15±0.20)mm	2分	超差0.10 mm扣1分		
10	對稱度	6分	超差0.01 mm扣1分		
11	鑽孔 鉸孔 鍃孔	2分	一處不合格扣1分		

185

續表

序號	技術要求	配分	評分標準	檢測記錄	得分
12	Ra1.6 μm	15分	一處不合格扣1分		
13	配合間隙＜0.05 mm	10分	一處不合格扣2分		
14	調面間隙＜0.05 mm	10分	一處不合格扣2分		
15	兩側面錯位量＜0.10 mm	6分	超差0.01 mm扣2分		
16	倒棱 0.5×45°去毛刺	2分	未做不得分		
14	標記及工號	2分	未做1處扣1分		
15	安全文明生產	5分	酌情		
時間	考試時限300分鐘				

2. 中級鉗工技能鑒定試題 2：三角形銼配(圖 9-1-32)

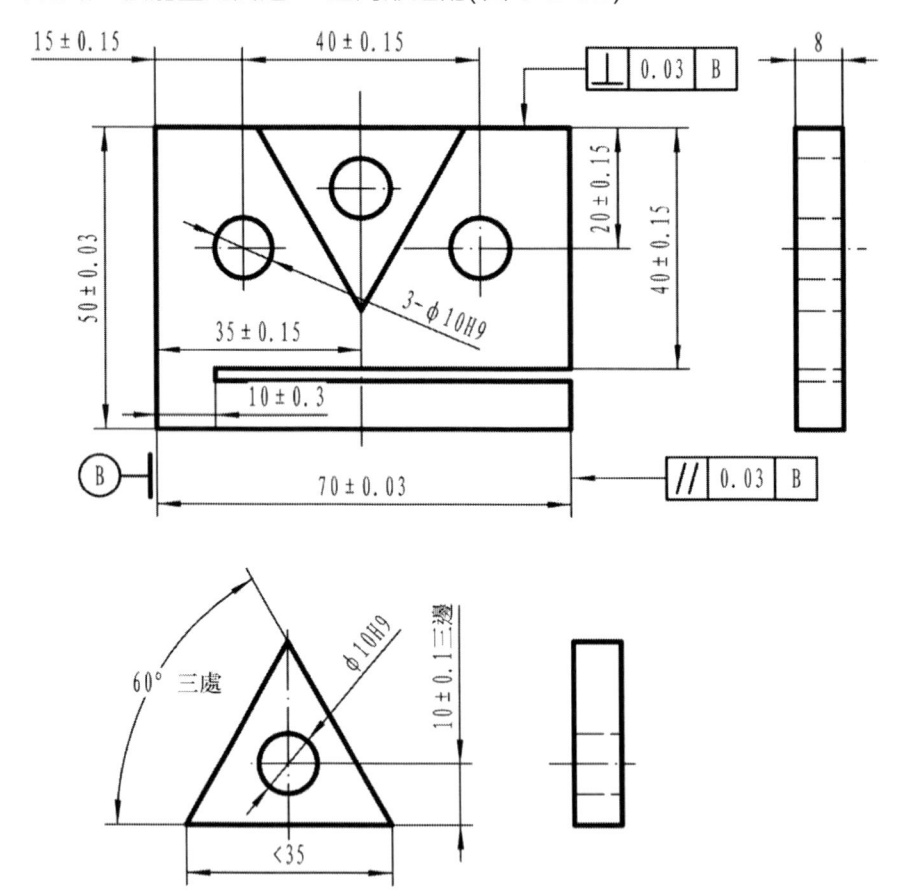

技術要求：
1. 倒角和倒棱。
2. 鉸孔前孔口要鍃孔。
3. 表面粗糙度 Ra 為 3.2。

圖9-1-32　三角形銼配

中級鉗工技能鑒定試題 2：三角形銼配檢測評分表

工號：　　　　姓名：　　　　單位：　　　　成績：_____

序號	技術要求	配分	評分標準	檢測記錄	得分
1	(70±0.03)mm(1處)	12分	超差0.01mm扣2分		
2	(50±0.03)mm(1處)	12分	超差0.01mm扣2分		
3	(10±0.3)mm(1處)	3分	超差不得分		
4	(40±0.15)mm(2處)	6分	超差不得分		
5	(20±0.15)mm(2處)	6分	超差不得分		
6	(15±0.15)mm(1處)	3分	超差不得分		
7	(35±0.15)mm(1處)	3分	超差不得分		
8	60°角(3處)	15分	超5分不得分		
9	(10±0.1)mm(3處)	15分	超0.04mm扣1分		
10	垂直度0.03mm(1處)	3分	超差不得分		
11	平行度0.03mm(1處)	3分	超差不得分		
12	3×φ10H9(3處)	6分	超差不得分		
13	表面粗糙度(7處)	7分	1處不合格扣1分		
14	安全文明生產	6分			
15	件1與件2配合間隙正面0.03mm調面0.05mm	10分	超差0.01mm扣分		
時間	考試時限300分鐘				

3. 中級鉗工技能鑑定試題 3 :"L"形銼配(圖 9-1-33)

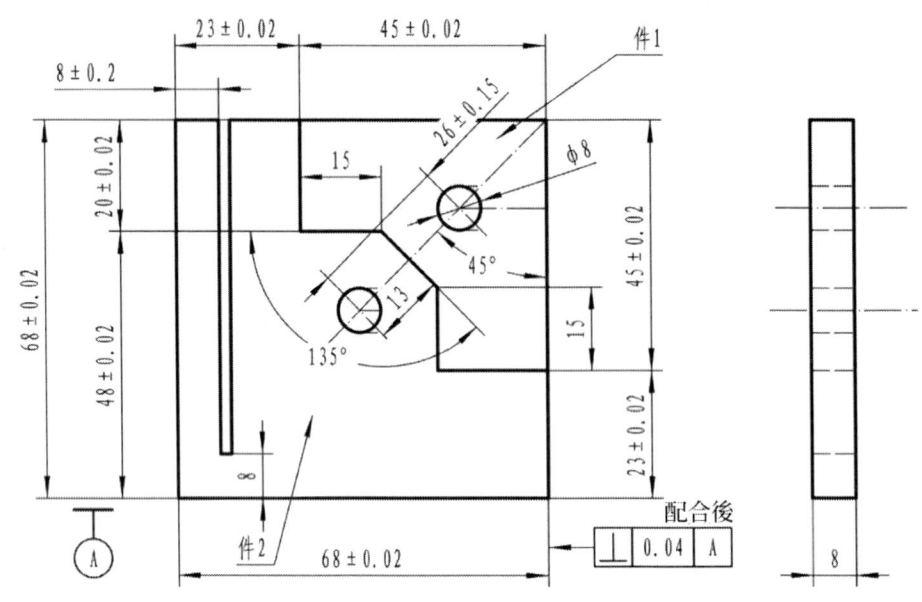

技術要求：

1. 表面粗糙度外形為 Ra1.6 μm，內表面為 Ra3.2 μm。
2. 工件 1 和工件 2 正面和調面配合間隙不大於 0.04 mm。

圖9-1-33　"L"形銼配

中級鉗工技能鑑定試3 :"L"形銼配檢測評分表

工號：＿＿＿＿＿　姓名：＿＿＿＿＿＿　單位：＿＿＿＿＿＿　成績：＿＿＿＿

序號	技術要求	配分	評分標準	檢測記錄	得分
1	(45±0.02)mm(測量2處)	6分	超差0.01 mm扣1分		
2	(20±0.02)mm(測量2處)	6分	超差0.01 mm扣1分		
3	135°±4´(2處)	8分	超差2´扣2分		
4	(68±0.02)mm(測量2處)	6分	超差0.01 mm扣1分		
5	(48±0.02)mm(測量2處)	6分	超差0.01 mm扣1分		
6	(23±0.02)mm(測量2處)	6分	超差0.01 mm扣1分		
7	(8±0.20)mm	2分	超差0.10 mm扣1分		
8	(26±0.15)mm	6分	超差0.02 mm扣1分		
9	鑽 鉸孔 φ8	4分	一處不合格扣2分		
10	垂直度0.04mm	6分	超差0.01 mm扣1分		

續表

序號	技術要求	配分	評分標準	檢測記錄	得分
11	Ra1.6 μm	11分	一處不合格扣1分		
12	配合間隙<0.04 mm	10分	一處不合格扣2分		
13	調面間隙<0.04 mm	10分	一處不合格扣2分		
14	倒棱 0.5×45°去毛刺	6分	一處不合格扣1分		
15	標記及工號	2分	未做不得分		
15	安全文明生產	5分	酌情		
時間	考試時限300分鐘				

國家圖書館出版品預行編目（CIP）資料

鉗工基本技能 / 楊志福 主編. -- 第一版.
-- 臺北市：崧燁文化, 2019.07
　面；　公分
POD版

ISBN 978-957-681-877-6(平裝)

1.金屬工藝

472.18　　　　　　　　　　108010070

書　　名：鉗工基本技能
作　　者：楊志福 主編
發 行 人：黃振庭
出 版 者：崧燁文化事業有限公司
發 行 者：崧燁文化事業有限公司
E - m a i l：sonbookservice@gmail.com
粉 絲 頁：　　　　網　址：
地　　址：台北市中正區重慶南路一段六十一號八樓 815 室
8F.-815, No.61, Sec. 1, Chongqing S. Rd., Zhongzheng Dist., Taipei City 100, Taiwan (R.O.C.)
電　　話：(02)2370-3310　傳　真：(02) 2370-3210
總 經 銷：紅螞蟻圖書有限公司
地　　址:台北市內湖區舊宗路二段 121 巷 19 號
電　　話:02-2795-3656 傳真:02-2795-4100　網址：
印　　刷：京峯彩色印刷有限公司（京峰數位）

　本書版權為西南師範大學出版社所有授權崧博出版事業股份有限公司獨家發行電子書及繁體書繁體字版。若有其他相關權利及授權需求請與本公司聯繫。

定　　價：450 元
發行日期：2019 年 07 月第一版
◎ 本書以 POD 印製發行